개념+연산 파워

파워

초등수학

4·2

구성과 특징

1 전 단원 **구성**으로 교과 진도에 맞춘 학습!

2 **키워드**로 핵심 개념을 시각화하여 개념 기억력 강화!

3 '**기초 드릴 빨강 연산** ▶ **스킬 업 노랑 연산** ▶ **문장제 플러스 초록 연산**'으로 응용 연산력 완성!

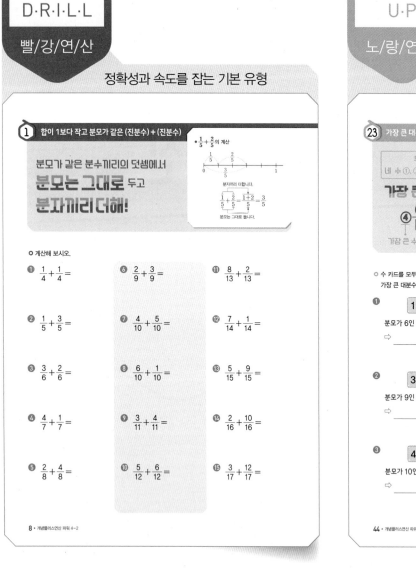

기초
D·R·I·L·L
빨/강/연/산

정확성과 속도를 잡는 기본 유형

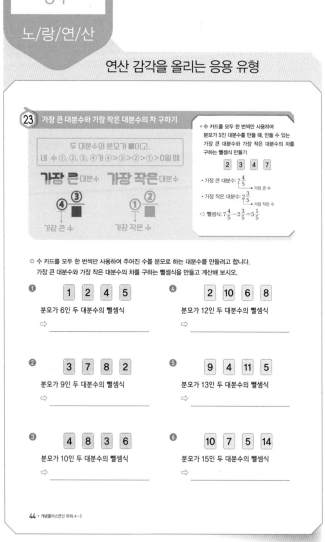

스킬
U·P
노/랑/연/산

연산 감각을 올리는 응용 유형

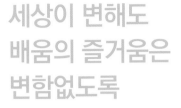

세상이 변해도
배움의 즐거움은
변함없도록

시대는 빠르게 변해도
배움의 즐거움은
변함없어야 하기에

어제의 비상은
남다른 교재부터
결이 다른 콘텐츠
전에 없던 교육 플랫폼까지

변함없는 혁신으로
교육 문화 환경의 새로운 전형을
실현해왔습니다.

비상은 오늘, 다시 한번
새로운 교육 문화 환경을 실현하기 위한
또 하나의 혁신을 시작합니다.

오늘의 내가 어제의 나를 초월하고
오늘의 교육이 어제의 교육을 초월하여
배움의 즐거움을 지속하는 혁신,

바로, 메타인지 기반 완전 학습을.

상상을 실현하는 교육 문화 기업 비상

메타인지 기반 완전 학습
초월을 뜻하는 meta와 생각을 뜻하는 인지가 결합한 메타인지는
자신이 알고 모르는 것을 스스로 구분하고 학습계획을 세우도록 하는
궁극의 학습 능력입니다. 비상의 메타인지 기반 완전 학습 시스템은
잠들어 있는 메타인지를 깨워 공부를 100% 내 것으로 만들도록 합니다.

개념➕연산 **파워** 로 응용 연산력을 완성해요!

문장제
P·L·U·S

초/록/연/산

문제해결력을 키우는 연산 문장제 유형

평가

단원별 응용 연산력 평가

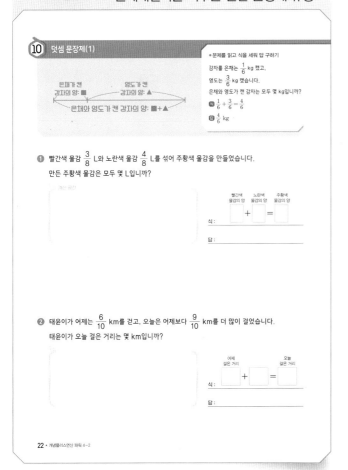

⑩ 덧셈 문장제(1)

＊문제를 읽고 식을 세워 답 구하기

감자를 은채는 $\frac{1}{6}$ kg 캤고,
영도는 $\frac{3}{6}$ kg 캤습니다.
은채와 영도가 캔 감자는 모두 몇 kg입니까?

식 $\frac{1}{6}+\frac{3}{6}=\frac{4}{6}$
답 $\frac{4}{6}$ kg

❶ 빨간색 물감 $\frac{3}{8}$ L와 노란색 물감 $\frac{4}{8}$ L를 섞어 주황색 물감을 만들었습니다.
만든 주황색 물감은 모두 몇 L입니까?

❷ 태윤이가 어제는 $\frac{6}{10}$ km를 걷고, 오늘은 어제보다 $\frac{9}{10}$ km를 더 많이 걸었습니다.
태윤이가 오늘 걸은 거리는 몇 km입니까?

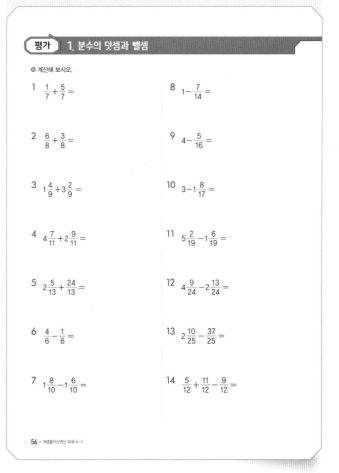

평가 **1. 분수의 덧셈과 뺄셈**

○ 계산해 보시오.

1 $\frac{1}{7}+\frac{5}{7}=$

2 $\frac{6}{8}+\frac{3}{8}=$

3 $1\frac{4}{9}+3\frac{2}{9}=$

4 $4\frac{7}{11}+2\frac{9}{11}=$

5 $2\frac{5}{13}+\frac{24}{13}=$

6 $\frac{4}{6}-\frac{1}{6}=$

7 $1\frac{8}{10}-1\frac{6}{10}=$

8 $1-\frac{7}{14}=$

9 $4-\frac{5}{16}=$

10 $3-1\frac{8}{17}=$

11 $5\frac{2}{19}-1\frac{6}{19}=$

12 $4\frac{9}{24}-2\frac{13}{24}=$

13 $2\frac{10}{25}-\frac{37}{25}=$

14 $\frac{5}{12}+\frac{11}{12}-\frac{9}{12}=$

＊초/록/연/산은 수와 연산 단원에만 있음.

차례

개념＋연산 파워 에서 배울 단원을 확인해요!

1

분수의 덧셈과 뺄셈

● 맞힌 개수와 걸린 시간을 작성해 보세요.

학습 내용	일 차	맞힌 개수	걸린 시간
⑮ (자연수) - (분수)	13일 차	/36개	/15분
⑯ 분수 부분끼리 뺄 수 없고 분모가 같은 (대분수) - (대분수)	14일 차	/36개	/15분
⑰ 분모가 같은 (대분수) - (가분수)	15일 차	/36개	/15분
⑱ 세 분수의 덧셈과 뺄셈	16일 차	/24개	/18분
⑲ 그림에서 두 분수의 뺄셈하기	17일 차	/14개	/7분
⑳ 두 분수의 차 구하기			
㉑ 덧셈식에서 어떤 수 구하기	18일 차	/16개	/12분
㉒ 뺄셈식에서 어떤 수 구하기			
㉓ 가장 큰 대분수와 가장 작은 대분수의 차 구하기	19일 차	/12개	/11분
㉔ 차가 가장 큰 뺄셈식 만들기			
㉕ 차가 가장 작은 뺄셈식 만들기	20일 차	/12개	/11분
㉖ 합과 차를 알 때 두 진분수 구하기			
㉗ 뺄셈 문장제	21일 차	/5개	/4분
㉘ 덧셈과 뺄셈 문장제	22일 차	/5개	/7분
㉙ 몇 번 뺄 수 있는지 구하는 문장제	23일 차	/5개	/10분
㉚ 바르게 계산한 값 구하기	24일 차	/5개	/10분
평가 1. 분수의 덧셈과 뺄셈	25일 차	/20개	/20분

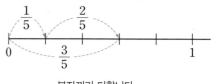

$\bullet \dfrac{1}{5} + \dfrac{2}{5}$ 의 계산

분자끼리 더합니다.

$$\dfrac{1}{5} + \dfrac{2}{5} = \dfrac{1+2}{5} = \dfrac{3}{5}$$

분모는 그대로 둡니다.

분모가 같은 분수끼리의 덧셈에서

분모는 그대로 두고
분자끼리 더해!

○ 계산해 보시오.

① $\dfrac{1}{4} + \dfrac{1}{4} =$

② $\dfrac{1}{5} + \dfrac{3}{5} =$

③ $\dfrac{3}{6} + \dfrac{2}{6} =$

④ $\dfrac{4}{7} + \dfrac{1}{7} =$

⑤ $\dfrac{2}{8} + \dfrac{4}{8} =$

⑥ $\dfrac{2}{9} + \dfrac{3}{9} =$

⑦ $\dfrac{4}{10} + \dfrac{5}{10} =$

⑧ $\dfrac{6}{10} + \dfrac{1}{10} =$

⑨ $\dfrac{3}{11} + \dfrac{4}{11} =$

⑩ $\dfrac{5}{12} + \dfrac{6}{12} =$

⑪ $\dfrac{8}{13} + \dfrac{2}{13} =$

⑫ $\dfrac{7}{14} + \dfrac{1}{14} =$

⑬ $\dfrac{5}{15} + \dfrac{9}{15} =$

⑭ $\dfrac{2}{16} + \dfrac{10}{16} =$

⑮ $\dfrac{3}{17} + \dfrac{12}{17} =$

⑯ $\dfrac{5}{18}+\dfrac{7}{18}=$

⑰ $\dfrac{4}{19}+\dfrac{9}{19}=$

⑱ $\dfrac{11}{21}+\dfrac{2}{21}=$

⑲ $\dfrac{7}{22}+\dfrac{6}{22}=$

⑳ $\dfrac{8}{23}+\dfrac{4}{23}=$

㉑ $\dfrac{3}{24}+\dfrac{15}{24}=$

㉒ $\dfrac{10}{25}+\dfrac{11}{25}=$

㉓ $\dfrac{13}{25}+\dfrac{4}{25}=$

㉔ $\dfrac{8}{27}+\dfrac{10}{27}=$

㉕ $\dfrac{9}{28}+\dfrac{7}{28}=$

㉖ $\dfrac{5}{30}+\dfrac{12}{30}=$

㉗ $\dfrac{10}{31}+\dfrac{6}{31}=$

㉘ $\dfrac{11}{32}+\dfrac{20}{32}=$

㉙ $\dfrac{16}{33}+\dfrac{7}{33}=$

㉚ $\dfrac{21}{36}+\dfrac{2}{36}=$

㉛ $\dfrac{15}{38}+\dfrac{7}{38}=$

㉜ $\dfrac{22}{39}+\dfrac{14}{39}=$

㉝ $\dfrac{27}{41}+\dfrac{8}{41}=$

㉞ $\dfrac{19}{45}+\dfrac{5}{45}=$

㉟ $\dfrac{13}{47}+\dfrac{10}{47}=$

㊱ $\dfrac{24}{50}+\dfrac{9}{50}=$

$\bullet$ $\dfrac{2}{4} + \dfrac{3}{4}$의 계산

① 분모는 그대로 두고 분자끼리 더합니다.

② 계산 결과가 가분수이면 대분수로 바꿉니다.

$$\frac{2}{4} + \frac{3}{4} = \frac{2+3}{4} = \frac{5}{4} = 1\frac{1}{4}$$

가분수를 대분수로 바꿉니다.

참고 분자끼리 더한 값이 분모와 같으면 자연수로 나타낼 수 있습니다.

$$\frac{4}{10} + \frac{6}{10} = \frac{10}{10} = 1$$

두 진분수를 더한 **계산 결과가 가분수이면 대분수로** 바꿔!

○ 계산해 보시오.

1 $\dfrac{3}{4} + \dfrac{3}{4} =$

2 $\dfrac{4}{5} + \dfrac{2}{5} =$

3 $\dfrac{2}{6} + \dfrac{5}{6} =$

4 $\dfrac{3}{7} + \dfrac{6}{7} =$

5 $\dfrac{7}{8} + \dfrac{4}{8} =$

6 $\dfrac{8}{9} + \dfrac{5}{9} =$

7 $\dfrac{7}{10} + \dfrac{6}{10} =$

8 $\dfrac{4}{11} + \dfrac{10}{11} =$

9 $\dfrac{5}{12} + \dfrac{11}{12} =$

10 $\dfrac{6}{13} + \dfrac{8}{13} =$

11 $\dfrac{10}{14} + \dfrac{7}{14} =$

12 $\dfrac{4}{15} + \dfrac{11}{15} =$

13 $\dfrac{8}{15} + \dfrac{9}{15} =$

14 $\dfrac{13}{16} + \dfrac{5}{16} =$

15 $\dfrac{9}{17} + \dfrac{12}{17} =$

⑯ $\dfrac{7}{19}+\dfrac{14}{19}=$

⑰ $\dfrac{12}{19}+\dfrac{18}{19}=$

⑱ $\dfrac{15}{21}+\dfrac{9}{21}=$

⑲ $\dfrac{10}{22}+\dfrac{17}{22}=$

⑳ $\dfrac{16}{23}+\dfrac{11}{23}=$

㉑ $\dfrac{13}{24}+\dfrac{12}{24}=$

㉒ $\dfrac{8}{25}+\dfrac{19}{25}=$

㉓ $\dfrac{15}{26}+\dfrac{13}{26}=$

㉔ $\dfrac{9}{27}+\dfrac{20}{27}=$

㉕ $\dfrac{18}{27}+\dfrac{14}{27}=$

㉖ $\dfrac{12}{28}+\dfrac{19}{28}=$

㉗ $\dfrac{13}{29}+\dfrac{16}{29}=$

㉘ $\dfrac{17}{30}+\dfrac{15}{30}=$

㉙ $\dfrac{11}{31}+\dfrac{22}{31}=$

㉚ $\dfrac{16}{33}+\dfrac{17}{33}=$

㉛ $\dfrac{15}{35}+\dfrac{25}{35}=$

㉜ $\dfrac{28}{37}+\dfrac{12}{37}=$

㉝ $\dfrac{22}{39}+\dfrac{27}{39}=$

㉞ $\dfrac{23}{41}+\dfrac{31}{41}=$

㉟ $\dfrac{29}{45}+\dfrac{26}{45}=$

㊱ $\dfrac{34}{49}+\dfrac{16}{49}=$

자연수 부분끼리, 진분수 부분끼리 더하거나 대분수를 가분수로 바꾸어 더해!

$\bullet\ 1\dfrac{1}{6}+1\dfrac{2}{6}$의 계산

방법 1 자연수 부분과 진분수 부분으로 나누어
더하기

$$1\dfrac{1}{6}+1\dfrac{2}{6}=(1+1)+\left(\dfrac{1}{6}+\dfrac{2}{6}\right)$$
$$=2+\dfrac{3}{6}=2\dfrac{3}{6}$$

방법 2 대분수를 가분수로 바꾸어 더하기

$$1\dfrac{1}{6}+1\dfrac{2}{6}=\dfrac{7}{6}+\dfrac{8}{6}=\dfrac{15}{6}=2\dfrac{3}{6}$$

○ 계산해 보시오.

1 $1\dfrac{1}{3}+2\dfrac{1}{3}=$

2 $1\dfrac{2}{4}+1\dfrac{1}{4}=$

3 $2\dfrac{1}{5}+1\dfrac{3}{5}=$

4 $1\dfrac{4}{6}+3\dfrac{1}{6}=$

5 $2\dfrac{3}{7}+2\dfrac{2}{7}=$

6 $3\dfrac{5}{8}+1\dfrac{2}{8}=$

7 $2\dfrac{4}{9}+3\dfrac{4}{9}=$

8 $4\dfrac{2}{11}+5\dfrac{6}{11}=$

9 $6\dfrac{7}{11}+2\dfrac{3}{11}=$

10 $1\dfrac{6}{12}+7\dfrac{5}{12}=$

11 $2\dfrac{8}{13}+1\dfrac{4}{13}=$

12 $4\dfrac{3}{14}+2\dfrac{10}{14}=$

13 $3\dfrac{5}{15}+6\dfrac{7}{15}=$

14 $2\dfrac{13}{16}+5\dfrac{2}{16}=$

15 $8\dfrac{9}{17}+4\dfrac{6}{17}=$

⑯ $3\dfrac{7}{19}+2\dfrac{7}{19}=$

⑰ $1\dfrac{3}{20}+4\dfrac{12}{20}=$

⑱ $2\dfrac{6}{21}+5\dfrac{8}{21}=$

⑲ $4\dfrac{9}{21}+3\dfrac{4}{21}=$

⑳ $5\dfrac{8}{22}+1\dfrac{3}{22}=$

㉑ $4\dfrac{4}{23}+5\dfrac{11}{23}=$

㉒ $3\dfrac{10}{24}+1\dfrac{5}{24}=$

㉓ $1\dfrac{6}{25}+1\dfrac{9}{25}=$

㉔ $2\dfrac{4}{26}+4\dfrac{15}{26}=$

㉕ $3\dfrac{7}{27}+3\dfrac{4}{27}=$

㉖ $6\dfrac{8}{28}+2\dfrac{7}{28}=$

㉗ $4\dfrac{12}{29}+3\dfrac{6}{29}=$

㉘ $5\dfrac{3}{29}+1\dfrac{9}{29}=$

㉙ $7\dfrac{11}{30}+2\dfrac{13}{30}=$

㉚ $2\dfrac{8}{31}+8\dfrac{5}{31}=$

㉛ $9\dfrac{7}{33}+6\dfrac{9}{33}=$

㉜ $6\dfrac{14}{34}+5\dfrac{3}{34}=$

㉝ $7\dfrac{12}{35}+3\dfrac{17}{35}=$

㉞ $5\dfrac{13}{37}+4\dfrac{15}{37}=$

㉟ $8\dfrac{24}{39}+7\dfrac{12}{39}=$

㊱ $6\dfrac{21}{43}+5\dfrac{16}{43}=$

두 대분수를 더한 **계산 결과가**
가분수이면 대분수로 바꿔!

• $1\frac{3}{5}+2\frac{4}{5}$ 의 계산

방법 1 자연수 부분과 진분수 부분으로 나누어
더하기

$$1\frac{3}{5}+2\frac{4}{5}=(1+2)+\left(\frac{3}{5}+\frac{4}{5}\right)$$
$$=3+\frac{7}{5}=3+1\frac{2}{5}=4\frac{2}{5}$$

가분수를 대분수로 바꿉니다.

방법 2 대분수를 가분수로 바꾸어 더하기

$$1\frac{3}{5}+2\frac{4}{5}=\frac{8}{5}+\frac{14}{5}=\frac{22}{5}=4\frac{2}{5}$$

○ 계산해 보시오.

① $2\frac{2}{3}+1\frac{2}{3}=$

② $1\frac{3}{4}+1\frac{2}{4}=$

③ $1\frac{5}{6}+3\frac{3}{6}=$

④ $2\frac{4}{7}+2\frac{5}{7}=$

⑤ $4\frac{7}{8}+1\frac{6}{8}=$

⑥ $1\frac{3}{9}+3\frac{7}{9}=$

⑦ $3\frac{8}{9}+2\frac{4}{9}=$

⑧ $5\frac{6}{10}+1\frac{9}{10}=$

⑨ $4\frac{9}{11}+3\frac{3}{11}=$

⑩ $2\frac{5}{12}+5\frac{10}{12}=$

⑪ $2\frac{11}{13}+2\frac{9}{13}=$

⑫ $7\frac{6}{14}+1\frac{12}{14}=$

⑬ $4\frac{8}{15}+2\frac{8}{15}=$

⑭ $2\frac{10}{16}+8\frac{11}{16}=$

⑮ $3\frac{14}{17}+7\frac{4}{17}=$

⑯ $4\dfrac{8}{17}+5\dfrac{12}{17}=$

⑰ $1\dfrac{13}{18}+1\dfrac{15}{18}=$

⑱ $1\dfrac{14}{19}+6\dfrac{7}{19}=$

⑲ $2\dfrac{17}{21}+4\dfrac{10}{21}=$

⑳ $5\dfrac{16}{22}+3\dfrac{13}{22}=$

㉑ $3\dfrac{20}{23}+2\dfrac{4}{23}=$

㉒ $6\dfrac{22}{23}+2\dfrac{9}{23}=$

㉓ $3\dfrac{21}{24}+2\dfrac{6}{24}=$

㉔ $6\dfrac{17}{25}+3\dfrac{11}{25}=$

㉕ $4\dfrac{12}{26}+8\dfrac{18}{26}=$

㉖ $2\dfrac{13}{27}+7\dfrac{19}{27}=$

㉗ $1\dfrac{11}{28}+9\dfrac{24}{28}=$

㉘ $5\dfrac{25}{30}+6\dfrac{13}{30}=$

㉙ $8\dfrac{18}{31}+1\dfrac{17}{31}=$

㉚ $2\dfrac{15}{32}+5\dfrac{19}{32}=$

㉛ $5\dfrac{10}{33}+9\dfrac{28}{33}=$

㉜ $9\dfrac{27}{36}+2\dfrac{13}{36}=$

㉝ $8\dfrac{21}{38}+3\dfrac{36}{38}=$

㉞ $6\dfrac{24}{39}+7\dfrac{23}{39}=$

㉟ $1\dfrac{29}{40}+8\dfrac{12}{40}=$

㊱ $4\dfrac{36}{42}+4\dfrac{15}{42}=$

5 분모가 같은 (대분수) + (가분수)

가분수를 대분수로
바꾸거나
대분수를 가분수로
바꾸어 더해!

● $1\frac{2}{7} + \frac{10}{7}$의 계산

방법1 가분수를 대분수로 바꾸어 더하기

$1\frac{2}{7} + \frac{10}{7} = 1\frac{2}{7} + 1\frac{3}{7}$

$= (1+1) + \left(\frac{2}{7} + \frac{3}{7}\right) = 2 + \frac{5}{7} = 2\frac{5}{7}$

방법2 대분수를 가분수로 바꾸어 더하기

$1\frac{2}{7} + \frac{10}{7} = \frac{9}{7} + \frac{10}{7} = \frac{19}{7} = 2\frac{5}{7}$

○ 계산해 보시오.

❶ $2\frac{1}{3} + \frac{4}{3} =$

❷ $1\frac{2}{4} + \frac{5}{4} =$

❸ $2\frac{1}{5} + \frac{7}{5} =$

❹ $3\frac{4}{5} + \frac{12}{5} =$

❺ $2\frac{5}{6} + \frac{11}{6} =$

❻ $1\frac{3}{7} + \frac{16}{7} =$

❼ $2\frac{6}{7} + \frac{9}{7} =$

❽ $6\frac{2}{8} + \frac{13}{8} =$

❾ $4\frac{5}{9} + \frac{20}{9} =$

❿ $3\frac{4}{10} + \frac{17}{10} =$

⓫ $4\frac{9}{10} + \frac{14}{10} =$

⓬ $3\frac{7}{11} + \frac{18}{11} =$

⓭ $5\frac{4}{11} + \frac{25}{11} =$

⓮ $2\frac{6}{12} + \frac{29}{12} =$

⓯ $1\frac{2}{13} + \frac{22}{13} =$

⑯ $3\dfrac{8}{13}+\dfrac{19}{13}=$

⑰ $1\dfrac{3}{14}+\dfrac{30}{14}=$

⑱ $3\dfrac{11}{14}+\dfrac{15}{14}=$

⑲ $2\dfrac{4}{15}+\dfrac{23}{15}=$

⑳ $5\dfrac{10}{15}+\dfrac{36}{15}=$

㉑ $1\dfrac{7}{16}+\dfrac{40}{16}=$

㉒ $4\dfrac{13}{16}+\dfrac{38}{16}=$

㉓ $2\dfrac{12}{17}+\dfrac{42}{17}=$

㉔ $4\dfrac{5}{17}+\dfrac{26}{17}=$

㉕ $5\dfrac{7}{18}+\dfrac{27}{18}=$

㉖ $1\dfrac{15}{19}+\dfrac{40}{19}=$

㉗ $3\dfrac{14}{19}+\dfrac{65}{19}=$

㉘ $2\dfrac{10}{20}+\dfrac{58}{20}=$

㉙ $5\dfrac{3}{20}+\dfrac{34}{20}=$

㉚ $3\dfrac{6}{21}+\dfrac{25}{21}=$

㉛ $2\dfrac{18}{22}+\dfrac{54}{22}=$

㉜ $4\dfrac{9}{23}+\dfrac{52}{23}=$

㉝ $7\dfrac{7}{25}+\dfrac{46}{25}=$

㉞ $1\dfrac{22}{26}+\dfrac{38}{26}=$

㉟ $3\dfrac{11}{29}+\dfrac{67}{29}=$

㊱ $6\dfrac{15}{31}+\dfrac{79}{31}=$

화살표 방향에 따라
덧셈식을 세워!

● 빈칸에 알맞은 수 구하기

| $\frac{2}{4}$ | $\frac{1}{4}$ | $\frac{3}{4}$ | $\left\{ \frac{2}{4} + \frac{1}{4} = \frac{3}{4} \right.$ |
| $1\frac{4}{8}$ | $2\frac{5}{8}$ | $4\frac{1}{8}$ | $\left\{ 1\frac{4}{8} + 2\frac{5}{8} = 4\frac{1}{8} \right.$ |

○ 빈칸에 알맞은 수를 써넣으시오.

1 +

| $\frac{1}{7}$ | $\frac{3}{7}$ | |
| $\frac{5}{8}$ | $\frac{6}{8}$ | |

4 +

| $2\frac{4}{23}$ | $1\frac{12}{23}$ | |
| $1\frac{8}{11}$ | $2\frac{7}{11}$ | |

2 +

| $\frac{2}{12}$ | $\frac{9}{12}$ | |
| $\frac{11}{17}$ | $\frac{8}{17}$ | |

5 +

| $2\frac{10}{29}$ | $2\frac{23}{29}$ | |
| $3\frac{9}{14}$ | $\frac{16}{14}$ | |

3 +

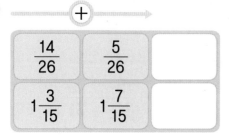

| $\frac{14}{26}$ | $\frac{5}{26}$ | |
| $1\frac{3}{15}$ | $1\frac{7}{15}$ | |

6 +

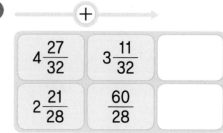

| $4\frac{27}{32}$ | $3\frac{11}{32}$ | |
| $2\frac{21}{28}$ | $\frac{60}{28}$ | |

7 두 분수의 합 구하기

합

→ **덧셈식**을 이용해!

● 두 분수의 합 구하기

$\frac{2}{7}$	$\frac{3}{7}$
$\frac{5}{7}$	

$$\frac{2}{7}+\frac{3}{7}=\frac{5}{7}$$

○ 두 분수의 합을 빈칸에 써넣으시오.

7
$\frac{2}{10}$	$\frac{5}{10}$

11
$1\frac{6}{24}$	$4\frac{8}{24}$

8
$\frac{7}{9}$	$\frac{4}{9}$

12
$2\frac{5}{13}$	$1\frac{10}{13}$

9
$\frac{13}{18}$	$\frac{6}{18}$

13
$2\frac{3}{5}$	$\frac{14}{5}$

10
$3\frac{1}{6}$	$2\frac{3}{6}$

14
$4\frac{9}{21}$	$\frac{32}{21}$

(합이 가장 큰 덧셈식) =(가장 큰 분수) +(두 번째로 큰 분수)

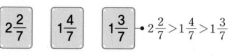

- 합이 가장 큰 덧셈식 만들기

$2\frac{2}{7}$ $1\frac{4}{7}$ $1\frac{3}{7}$ • $2\frac{2}{7} > 1\frac{4}{7} > 1\frac{3}{7}$

- 가장 큰 분수: $2\frac{2}{7}$
- 두 번째로 큰 분수: $1\frac{4}{7}$
- ⇨ 합이 가장 큰 덧셈식: $2\frac{2}{7}+1\frac{4}{7}=3\frac{6}{7}$

◯ 분수 카드 2장을 골라 합이 가장 큰 덧셈식을 만들고 계산해 보시오.

❶ $1\frac{5}{6}$ $1\frac{1}{6}$ $1\frac{4}{6}$

덧셈식 : _____

❹ $1\frac{1}{5}$ $1\frac{4}{5}$ $\frac{7}{5}$

덧셈식 : _____

❷ $1\frac{4}{9}$ $1\frac{7}{9}$ $2\frac{5}{9}$

덧셈식 : _____

❺ $2\frac{4}{14}$ $\frac{17}{14}$ $1\frac{5}{14}$

덧셈식 : _____

❸ $2\frac{2}{12}$ $1\frac{6}{12}$ $2\frac{8}{12}$

덧셈식 : _____

❻ $\frac{41}{17}$ $3\frac{8}{17}$ $2\frac{6}{17}$

덧셈식 : _____

9 자연수를 두 대분수의 합으로 나타내기

두 대분수의 합이 자연수 ■일 때,

자연수 부분의 **합이 ■-1,**

진분수 부분의 **합이 1인**

두 대분수를 찾아!

● 분수 카드를 2장씩 모았을 때, 합이 4가 되는
두 대분수 모두 구하기

$1\frac{1}{5}$ $2\frac{2}{5}$ $2\frac{4}{5}$ $1\frac{3}{5}$

자연수 부분의 합이 4−1=3이고,
진분수 부분의 합이 1인 두 대분수를 찾습니다.

$1\frac{1}{5}+2\frac{4}{5}=3+\frac{5}{5}=4,\ 2\frac{2}{5}+1\frac{3}{5}=3+\frac{5}{5}=4$

⇨ 합이 4가 되는 두 대분수를 모두 구하면

$\left(1\frac{1}{5},\ 2\frac{4}{5}\right),\left(2\frac{2}{5},\ 1\frac{3}{5}\right)$입니다.

○ 두 대분수의 합이 주어진 수가 되도록 분수 카드를 2장씩 모으려고 합니다.
주어진 합이 되는 두 대분수를 모두 구해 보시오.

7 $2\frac{3}{7}$ $1\frac{1}{7}$ $2\frac{6}{7}$ $1\frac{4}{7}$

합이 4인 두 대분수

⇨ (,   ), (,   )

10 $3\frac{9}{11}$ $4\frac{2}{11}$ $6\frac{4}{11}$ $1\frac{7}{11}$

합이 8인 두 대분수

⇨ (,   ), (,   )

8 $2\frac{2}{8}$ $3\frac{5}{8}$ $2\frac{6}{8}$ $1\frac{3}{8}$

합이 5인 두 대분수

⇨ (,   ), (,   )

11 $6\frac{4}{13}$ $2\frac{10}{13}$ $6\frac{3}{13}$ $2\frac{9}{13}$

합이 9인 두 대분수

⇨ (,   ), (,   )

9 $2\frac{8}{10}$ $3\frac{7}{10}$ $2\frac{3}{10}$ $3\frac{2}{10}$

합이 6인 두 대분수

⇨ (,   ), (,   )

12 $4\frac{4}{16}$ $4\frac{10}{16}$ $5\frac{12}{16}$ $5\frac{6}{16}$

합이 10인 두 대분수

⇨ (,   ), (,   )

10 덧셈 문장제(1)

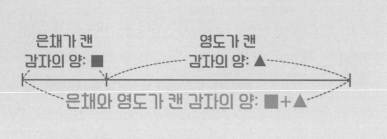

은채가 캔
감자의 양: ■

영도가 캔
감자의 양: ▲

은채와 영도가 캔 감자의 양: ■+▲

● 문제를 읽고 식을 세워 답 구하기

감자를 은채는 $\frac{1}{6}$ kg 캤고,

영도는 $\frac{3}{6}$ kg 캤습니다.

은채와 영도가 캔 감자는 모두 몇 kg입니까?

식 $\frac{1}{6} + \frac{3}{6} = \frac{4}{6}$

답 $\frac{4}{6}$ kg

---

❶ 빨간색 물감 $\frac{3}{8}$ L와 노란색 물감 $\frac{4}{8}$ L를 섞어 주황색 물감을 만들었습니다.
만든 주황색 물감은 모두 몇 L입니까?

 계산 공간

빨간색
물감의 양

노란색
물감의 양

주황색
물감의 양

$$\boxed{} + \boxed{} = \boxed{}$$

식 :

답 :

---

❷ 태윤이가 어제는 $\frac{6}{10}$ km를 걷고, 오늘은 어제보다 $\frac{9}{10}$ km를 더 많이 걸었습니다.
태윤이가 오늘 걸은 거리는 몇 km입니까?

어제
걸은 거리

오늘
걸은 거리

$$\boxed{} + \boxed{} = \boxed{}$$

식 :

답 :

❸ 세형이가 밀가루 $1\frac{8}{12}$컵으로 쿠키를 만들고, $2\frac{3}{12}$컵으로 빵을 만들었습니다.
세형이가 쿠키와 빵을 만드는 데 사용한 밀가루는 모두 몇 컵입니까?

식 : _____

답 : _____

❹ 물을 희주네 모둠은 $3\frac{10}{15}$ L 마셨고,

민호네 모둠은 희주네 모둠보다 $2\frac{7}{15}$ L 더 많이 마셨습니다.

민호네 모둠이 마신 물은 몇 L입니까?

식 : _____

답 : _____

❺ 파란색 테이프 $4\frac{11}{16}$ m와 초록색 테이프 $\frac{35}{16}$ m를 겹치지 않게 이어 붙였습니다.
이은 색 테이프의 길이는 모두 몇 m입니까?

식 : _____

답 : _____

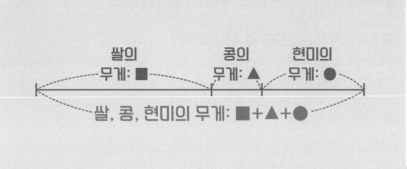

● 문제를 읽고 식을 세워 답 구하기

하준이가 슈퍼에서 쌀 $\frac{7}{10}$ kg, 콩 $\frac{2}{10}$ kg, 현미 $\frac{4}{10}$ kg을 샀습니다.

하준이가 슈퍼에서 산 쌀, 콩, 현미의 무게는 모두 몇 kg입니까?

식 $\frac{7}{10} + \frac{2}{10} + \frac{4}{10} = 1\frac{3}{10}$

답 $1\frac{3}{10}$ kg

---

❶ 오늘 우유를 진형이는 오전에 $\frac{2}{8}$ L, 오후에 $\frac{3}{8}$ L 마셨고,

예주는 $\frac{7}{8}$ L 마셨습니다. 오늘 진형이와 예주가 마신 우유는 모두 몇 L입니까?

 계산 공간

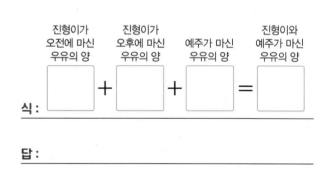

식 :

답 :

---

❷ 민정이가 운동을 월요일에는 $2\frac{2}{9}$ 시간, 수요일에는 $1\frac{8}{9}$ 시간,

금요일에는 $1\frac{6}{9}$ 시간 했습니다. 민정이가 운동한 시간은 모두 몇 시간입니까?

월요일에 운동한 시간		수요일에 운동한 시간		금요일에 운동한 시간		민정이가 운동한 시간
	+		+		=	

식 :

답 :

❸ 무게가 $\dfrac{3}{11}$ kg인 인형과 무게가 $\dfrac{5}{11}$ kg인 장난감을 빈 바구니에 넣었습니다.

빈 바구니의 무게가 $\dfrac{8}{11}$ kg이라면 인형과 장난감이 든 바구니의 무게는 몇 kg입니까?

식 : _____

답 : _____

❹ 지호네 집에서 병원까지의 거리는 $1\dfrac{2}{14}$ km, 병원에서 학교까지의 거리는 $1\dfrac{7}{14}$ km,

학교에서 도서관까지의 거리는 $2\dfrac{1}{14}$ km입니다.

지호네 집에서 병원과 학교를 지나 도서관까지 가는 거리는 모두 몇 km입니까?

식 : _____

답 : _____

❺ 현규가 호박 $\dfrac{8}{17}$ kg으로 주스를 만들고, $\dfrac{10}{17}$ kg으로 빵을 만들었습니다.

남은 호박이 $\dfrac{4}{17}$ kg일 때, 현규가 처음에 가지고 있던 호박은 몇 kg입니까?

식 : _____

답 : _____

분모가 같은 분수끼리의 뺄셈에서
분모는 그대로 두고
분자끼리 빼!

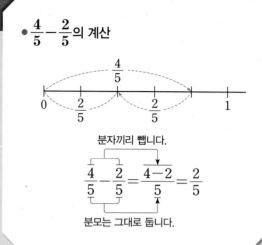

• $\dfrac{4}{5} - \dfrac{2}{5}$의 계산

분자끼리 뺍니다.

$$\dfrac{4}{5} - \dfrac{2}{5} = \dfrac{4-2}{5} = \dfrac{2}{5}$$

분모는 그대로 둡니다.

○ 계산해 보시오.

❶ $\dfrac{3}{4} - \dfrac{1}{4} =$

❷ $\dfrac{3}{5} - \dfrac{2}{5} =$

❸ $\dfrac{4}{6} - \dfrac{3}{6} =$

❹ $\dfrac{5}{7} - \dfrac{2}{7} =$

❺ $\dfrac{7}{8} - \dfrac{3}{8} =$

❻ $\dfrac{6}{9} - \dfrac{2}{9} =$

❼ $\dfrac{8}{9} - \dfrac{5}{9} =$

❽ $\dfrac{7}{10} - \dfrac{6}{10} =$

❾ $\dfrac{10}{11} - \dfrac{8}{11} =$

❿ $\dfrac{9}{12} - \dfrac{4}{12} =$

⓫ $\dfrac{7}{13} - \dfrac{4}{13} =$

⓬ $\dfrac{12}{14} - \dfrac{7}{14} =$

⓭ $\dfrac{5}{15} - \dfrac{1}{15} =$

⓮ $\dfrac{9}{16} - \dfrac{6}{16} =$

⓯ $\dfrac{15}{17} - \dfrac{2}{17} =$

⑯ $\dfrac{8}{19} - \dfrac{3}{19} =$

㉓ $\dfrac{19}{25} - \dfrac{7}{25} =$

㉚ $\dfrac{23}{32} - \dfrac{12}{32} =$

⑰ $\dfrac{14}{20} - \dfrac{6}{20} =$

㉔ $\dfrac{15}{26} - \dfrac{10}{26} =$

㉛ $\dfrac{6}{33} - \dfrac{4}{33} =$

⑱ $\dfrac{18}{21} - \dfrac{11}{21} =$

㉕ $\dfrac{8}{27} - \dfrac{6}{27} =$

㉜ $\dfrac{17}{35} - \dfrac{9}{35} =$

⑲ $\dfrac{20}{22} - \dfrac{14}{22} =$

㉖ $\dfrac{13}{28} - \dfrac{5}{28} =$

㉝ $\dfrac{28}{36} - \dfrac{21}{36} =$

⑳ $\dfrac{11}{23} - \dfrac{7}{23} =$

㉗ $\dfrac{27}{29} - \dfrac{14}{29} =$

㉞ $\dfrac{9}{37} - \dfrac{5}{37} =$

㉑ $\dfrac{22}{23} - \dfrac{19}{23} =$

㉘ $\dfrac{16}{30} - \dfrac{8}{30} =$

㉟ $\dfrac{30}{39} - \dfrac{23}{39} =$

㉒ $\dfrac{7}{24} - \dfrac{5}{24} =$

㉙ $\dfrac{24}{31} - \dfrac{11}{31} =$

㊱ $\dfrac{26}{43} - \dfrac{7}{43} =$

분수 부분끼리 뺄 수 있고
분모가 같은 (대분수) − (대분수)

자연수 부분끼리,
진분수 부분끼리 빼거나
대분수를 가분수로
바꾸어 빼!

• $2\frac{5}{7} - 1\frac{3}{7}$의 계산

방법 1 자연수 부분과 진분수 부분으로 나누어 빼기

$$2\frac{5}{7} - 1\frac{3}{7} = (2-1) + \left(\frac{5}{7} - \frac{3}{7}\right)$$

$$= 1 + \frac{2}{7} = 1\frac{2}{7}$$

방법 2 대분수를 가분수로 바꾸어 빼기

$$2\frac{5}{7} - 1\frac{3}{7} = \frac{19}{7} - \frac{10}{7} = \frac{9}{7} = 1\frac{2}{7}$$

가분수를 대분수로 바꿉니다.

○ 계산해 보시오.

① $3\frac{2}{3} - 1\frac{1}{3} =$

② $2\frac{3}{4} - 1\frac{2}{4} =$

③ $5\frac{4}{5} - 2\frac{1}{5} =$

④ $4\frac{5}{6} - 3\frac{3}{6} =$

⑤ $6\frac{6}{7} - 4\frac{4}{7} =$

⑥ $4\frac{7}{8} - 2\frac{4}{8} =$

⑦ $6\frac{8}{9} - 3\frac{7}{9} =$

⑧ $7\frac{6}{10} - 5\frac{2}{10} =$

⑨ $8\frac{9}{11} - 7\frac{6}{11} =$

⑩ $5\frac{11}{12} - 1\frac{5}{12} =$

⑪ $6\frac{5}{13} - 5\frac{2}{13} =$

⑫ $8\frac{10}{13} - 4\frac{3}{13} =$

⑬ $3\frac{12}{14} - 3\frac{8}{14} =$

⑭ $9\frac{7}{15} - 6\frac{5}{15} =$

⑮ $7\frac{13}{16} - 2\frac{4}{16} =$

⑯ $5\frac{11}{17} - 3\frac{6}{17} =$

㉓ $4\frac{17}{26} - 1\frac{3}{26} =$

㉚ $4\frac{8}{33} - 4\frac{5}{33} =$

⑰ $9\frac{8}{19} - 4\frac{4}{19} =$

㉔ $8\frac{13}{27} - 6\frac{7}{27} =$

㉛ $5\frac{29}{34} - 1\frac{22}{34} =$

⑱ $7\frac{15}{21} - 5\frac{8}{21} =$

㉕ $5\frac{19}{28} - 4\frac{11}{28} =$

㉜ $9\frac{13}{35} - 7\frac{3}{35} =$

⑲ $4\frac{21}{22} - 3\frac{9}{22} =$

㉖ $7\frac{14}{29} - 1\frac{6}{29} =$

㉝ $6\frac{22}{37} - 3\frac{7}{37} =$

⑳ $6\frac{17}{23} - 1\frac{7}{23} =$

㉗ $9\frac{26}{29} - 5\frac{12}{29} =$

㉞ $8\frac{24}{40} - 5\frac{9}{40} =$

㉑ $3\frac{20}{24} - 2\frac{13}{24} =$

㉘ $6\frac{25}{30} - 2\frac{4}{30} =$

㉟ $4\frac{38}{42} - 2\frac{26}{42} =$

㉒ $9\frac{18}{25} - 6\frac{12}{25} =$

㉙ $8\frac{10}{31} - 7\frac{6}{31} =$

㊱ $7\frac{27}{45} - 4\frac{18}{45} =$

빼는 진분수의 분모가 ■일 때

1을 분수 $\frac{■}{■}$로 바꾼 후

분자끼리 빼!

• $1-\frac{1}{6}$의 계산

$$1-\frac{1}{6}=\frac{6}{6}-\frac{1}{6}=\frac{5}{6}$$

빼는 분수의 분모가 6이므로
1을 분모가 6인 분수로 바꿉니다.

참고 $1=\frac{■}{■}$로 나타낼 수 있습니다.

○ 계산해 보시오.

① $1-\frac{1}{3}=$

② $1-\frac{2}{4}=$

③ $1-\frac{4}{5}=$

④ $1-\frac{3}{6}=$

⑤ $1-\frac{1}{7}=$

⑥ $1-\frac{5}{8}=$

⑦ $1-\frac{4}{9}=$

⑧ $1-\frac{8}{10}=$

⑨ $1-\frac{6}{11}=$

⑩ $1-\frac{9}{12}=$

⑪ $1-\frac{7}{13}=$

⑫ $1-\frac{1}{14}=$

⑬ $1-\frac{5}{15}=$

⑭ $1-\frac{11}{16}=$

⑮ $1-\frac{13}{17}=$

⑯ $1 - \dfrac{10}{18} =$

⑰ $1 - \dfrac{14}{19} =$

⑱ $1 - \dfrac{6}{20} =$

⑲ $1 - \dfrac{3}{21} =$

⑳ $1 - \dfrac{17}{22} =$

㉑ $1 - \dfrac{19}{23} =$

㉒ $1 - \dfrac{15}{24} =$

㉓ $1 - \dfrac{7}{25} =$

㉔ $1 - \dfrac{12}{26} =$

㉕ $1 - \dfrac{4}{27} =$

㉖ $1 - \dfrac{16}{27} =$

㉗ $1 - \dfrac{23}{28} =$

㉘ $1 - \dfrac{8}{29} =$

㉙ $1 - \dfrac{11}{31} =$

㉚ $1 - \dfrac{21}{33} =$

㉛ $1 - \dfrac{9}{35} =$

㉜ $1 - \dfrac{13}{36} =$

㉝ $1 - \dfrac{34}{38} =$

㉞ $1 - \dfrac{25}{40} =$

㉟ $1 - \dfrac{30}{41} =$

㊱ $1 - \dfrac{42}{45} =$

자연수에서 **1만큼을**
분수로 바꾸어 빼거나
자연수와 대분수를
모두 **가분수로** 바꾸어 빼!

• $4-2\dfrac{3}{4}$의 계산

방법1 자연수에서 1만큼을 분수로 바꾸어 빼기

$$4=3+1=3\dfrac{4}{4}$$

$$4-2\dfrac{3}{4}=3\dfrac{4}{4}-2\dfrac{3}{4}=(3-2)+\left(\dfrac{4}{4}-\dfrac{3}{4}\right)$$

$$=1+\dfrac{1}{4}=1\dfrac{1}{4}$$

방법2 자연수와 대분수를 모두 가분수로 바꾸어 빼기

$$4-2\dfrac{3}{4}=\dfrac{16}{4}-\dfrac{11}{4}=\dfrac{5}{4}=1\dfrac{1}{4}$$

○ 계산해 보시오.

❶ $2-\dfrac{2}{3}=$

❷ $3-\dfrac{1}{5}=$

❸ $5-\dfrac{4}{7}=$

❹ $4-\dfrac{5}{9}=$

❺ $7-\dfrac{8}{11}=$

❻ $4-\dfrac{7}{12}=$

❼ $6-\dfrac{3}{17}=$

❽ $9-\dfrac{11}{18}=$

❾ $5-\dfrac{6}{21}=$

❿ $8-\dfrac{12}{23}=$

⓫ $5-\dfrac{19}{25}=$

⓬ $7-\dfrac{22}{26}=$

⓭ $11-\dfrac{7}{29}=$

⓮ $16-\dfrac{31}{34}=$

⓯ $13-\dfrac{20}{40}=$

⑯ $3 - 1\dfrac{1}{6} =$

⑰ $4 - 2\dfrac{3}{8} =$

⑱ $2 - 1\dfrac{7}{10} =$

⑲ $5 - 4\dfrac{6}{12} =$

⑳ $6 - 3\dfrac{2}{13} =$

㉑ $7 - 4\dfrac{8}{15} =$

㉒ $10 - 2\dfrac{13}{16} =$

㉓ $6 - 4\dfrac{5}{18} =$

㉔ $5 - 3\dfrac{16}{19} =$

㉕ $9 - 6\dfrac{18}{20} =$

㉖ $4 - 1\dfrac{3}{22} =$

㉗ $3 - 2\dfrac{7}{24} =$

㉘ $8 - 5\dfrac{9}{26} =$

㉙ $9 - 7\dfrac{15}{27} =$

㉚ $8 - 3\dfrac{7}{30} =$

㉛ $7 - 5\dfrac{28}{31} =$

㉜ $5 - 2\dfrac{11}{33} =$

㉝ $6 - 2\dfrac{24}{35} =$

㉞ $9 - 4\dfrac{9}{38} =$

㉟ $14 - 7\dfrac{33}{40} =$

㊱ $17 - 5\dfrac{41}{45} =$

진분수 부분끼리 뺄 수 없으면

빼지는 분수의 자연수 부분에서
1만큼을 분수로 바꾸거나
대분수를 가분수로 바꾸어 빼!

• $3\frac{1}{5} - 1\frac{2}{5}$의 계산

방법1 빼지는 분수의 자연수 부분에서 1만큼을
분수로 바꾸어 빼기

$$3\frac{1}{5} = 2 + 1\frac{1}{5} = 2\frac{6}{5}$$

$$3\frac{1}{5} - 1\frac{2}{5} = 2\frac{6}{5} - 1\frac{2}{5} = (2-1) + \left(\frac{6}{5} - \frac{2}{5}\right)$$

$$= 1 + \frac{4}{5} = 1\frac{4}{5}$$

방법2 대분수를 가분수로 바꾸어 빼기

$$3\frac{1}{5} - 1\frac{2}{5} = \frac{16}{5} - \frac{7}{5} = \frac{9}{5} = 1\frac{4}{5}$$

○ 계산해 보시오.

1 $4\frac{1}{4} - 2\frac{3}{4} =$

2 $3\frac{2}{5} - 1\frac{4}{5} =$

3 $7\frac{3}{6} - 3\frac{5}{6} =$

4 $5\frac{1}{7} - 2\frac{2}{7} =$

5 $6\frac{3}{7} - 4\frac{5}{7} =$

6 $3\frac{5}{8} - 2\frac{7}{8} =$

7 $5\frac{4}{9} - 3\frac{6}{9} =$

8 $8\frac{1}{10} - 5\frac{8}{10} =$

9 $9\frac{6}{11} - 4\frac{10}{11} =$

10 $4\frac{2}{12} - 1\frac{7}{12} =$

11 $6\frac{4}{13} - 1\frac{9}{13} =$

12 $7\frac{3}{14} - 4\frac{11}{14} =$

13 $4\frac{12}{15} - 2\frac{14}{15} =$

14 $13\frac{5}{16} - 2\frac{8}{16} =$

15 $10\frac{8}{17} - 5\frac{12}{17} =$

⑯ $5\frac{6}{19} - 3\frac{13}{19} =$

⑰ $3\frac{11}{20} - 1\frac{14}{20} =$

⑱ $7\frac{8}{21} - 2\frac{10}{21} =$

⑲ $4\frac{7}{22} - 1\frac{9}{22} =$

⑳ $9\frac{15}{23} - 5\frac{16}{23} =$

㉑ $6\frac{2}{24} - 3\frac{18}{24} =$

㉒ $8\frac{4}{25} - 4\frac{15}{25} =$

㉓ $3\frac{3}{26} - 1\frac{8}{26} =$

㉔ $4\frac{5}{27} - 3\frac{7}{27} =$

㉕ $5\frac{2}{28} - 1\frac{6}{28} =$

㉖ $8\frac{4}{29} - 3\frac{21}{29} =$

㉗ $6\frac{1}{30} - 2\frac{13}{30} =$

㉘ $7\frac{10}{31} - 5\frac{20}{31} =$

㉙ $9\frac{6}{33} - 6\frac{9}{33} =$

㉚ $7\frac{12}{34} - 4\frac{14}{34} =$

㉛ $9\frac{8}{35} - 2\frac{9}{35} =$

㉜ $8\frac{3}{37} - 6\frac{25}{37} =$

㉝ $6\frac{5}{40} - 1\frac{8}{40} =$

㉞ $10\frac{14}{41} - 7\frac{26}{41} =$

㉟ $12\frac{2}{43} - 8\frac{7}{43} =$

㊱ $15\frac{7}{46} - 3\frac{12}{46} =$

분모가 같은 (대분수) − (가분수)

● $3\frac{5}{6} - \frac{10}{6}$의 계산

방법 1 가분수를 대분수로 바꾸어 빼기

$$3\frac{5}{6} - \frac{10}{6} = 3\frac{5}{6} - 1\frac{4}{6}$$
$$= (3-1) + \left(\frac{5}{6} - \frac{4}{6}\right) = 2 + \frac{1}{6} = 2\frac{1}{6}$$

방법 2 대분수를 가분수로 바꾸어 빼기

$$3\frac{5}{6} - \frac{10}{6} = \frac{23}{6} - \frac{10}{6} = \frac{13}{6} = 2\frac{1}{6}$$

가분수를 대분수로 바꾸거나
대분수를 가분수로 바꾸어 빼!

○ 계산해 보시오.

① $3\frac{1}{4} - \frac{7}{4} =$

② $5\frac{3}{4} - \frac{9}{4} =$

③ $2\frac{4}{5} - \frac{6}{5} =$

④ $4\frac{2}{5} - \frac{13}{5} =$

⑤ $7\frac{3}{5} - \frac{24}{5} =$

⑥ $1\frac{3}{6} - \frac{8}{6} =$

⑦ $3\frac{5}{6} - \frac{14}{6} =$

⑧ $3\frac{6}{7} - \frac{19}{7} =$

⑨ $6\frac{4}{7} - \frac{22}{7} =$

⑩ $2\frac{1}{8} - \frac{12}{8} =$

⑪ $2\frac{7}{8} - \frac{16}{8} =$

⑫ $5\frac{2}{8} - \frac{25}{8} =$

⑬ $2\frac{5}{9} - \frac{21}{9} =$

⑭ $4\frac{8}{9} - \frac{34}{9} =$

⑮ $5\frac{6}{10} - \frac{23}{10} =$

⑯ $8\dfrac{9}{10} - \dfrac{37}{10} =$

⑰ $2\dfrac{4}{11} - \dfrac{24}{11} =$

⑱ $6\dfrac{8}{11} - \dfrac{35}{11} =$

⑲ $3\dfrac{5}{12} - \dfrac{18}{12} =$

⑳ $5\dfrac{7}{12} - \dfrac{42}{12} =$

㉑ $2\dfrac{6}{13} - \dfrac{16}{13} =$

㉒ $3\dfrac{10}{13} - \dfrac{31}{13} =$

㉓ $5\dfrac{5}{14} - \dfrac{26}{14} =$

㉔ $3\dfrac{13}{15} - \dfrac{32}{15} =$

㉕ $8\dfrac{9}{16} - \dfrac{63}{16} =$

㉖ $7\dfrac{3}{17} - \dfrac{31}{17} =$

㉗ $6\dfrac{4}{18} - \dfrac{27}{18} =$

㉘ $7\dfrac{14}{19} - \dfrac{28}{19} =$

㉙ $4\dfrac{7}{20} - \dfrac{45}{20} =$

㉚ $6\dfrac{11}{20} - \dfrac{30}{20} =$

㉛ $8\dfrac{2}{21} - \dfrac{56}{21} =$

㉜ $7\dfrac{15}{22} - \dfrac{48}{22} =$

㉝ $5\dfrac{8}{23} - \dfrac{39}{23} =$

㉞ $9\dfrac{13}{24} - \dfrac{65}{24} =$

㉟ $3\dfrac{22}{25} - \dfrac{53}{25} =$

㊱ $6\dfrac{21}{33} - \dfrac{67}{33} =$

두 분수씩 **앞에서부터**
차례대로 계산해!

$\bullet \dfrac{2}{9} + \dfrac{4}{9} - \dfrac{5}{9}$의 계산

$$\dfrac{2}{9} + \dfrac{4}{9} - \dfrac{5}{9} = \dfrac{6}{9} - \dfrac{5}{9} = \dfrac{1}{9}$$

① ②

$\bullet \dfrac{10}{11} - \dfrac{8}{11} + \dfrac{3}{11}$의 계산

$$\dfrac{10}{11} - \dfrac{8}{11} + \dfrac{3}{11} = \dfrac{2}{11} + \dfrac{3}{11} = \dfrac{5}{11}$$

① ②

○ 계산해 보시오.

1 $\dfrac{1}{7} + \dfrac{5}{7} - \dfrac{3}{7} =$

2 $\dfrac{4}{11} + \dfrac{9}{11} - \dfrac{6}{11} =$

3 $\dfrac{3}{14} + \dfrac{10}{14} - \dfrac{8}{14} =$

4 $\dfrac{7}{16} + \dfrac{12}{16} - \dfrac{5}{16} =$

5 $\dfrac{11}{20} + \dfrac{16}{20} - \dfrac{4}{20} =$

6 $\dfrac{2}{6} - \dfrac{1}{6} + \dfrac{4}{6} =$

7 $\dfrac{5}{9} - \dfrac{3}{9} + \dfrac{6}{9} =$

8 $\dfrac{11}{12} - \dfrac{7}{12} + \dfrac{2}{12} =$

9 $\dfrac{9}{15} - \dfrac{4}{15} + \dfrac{13}{15} =$

10 $\dfrac{17}{23} - \dfrac{8}{23} + \dfrac{15}{23} =$

⑪ $\dfrac{3}{8} + 1\dfrac{2}{8} - \dfrac{1}{8} =$

⑫ $3\dfrac{8}{13} + \dfrac{4}{13} - 2\dfrac{7}{13} =$

⑬ $\dfrac{37}{21} + \dfrac{9}{21} - 1\dfrac{3}{21} =$

⑭ $4\dfrac{12}{24} + 2\dfrac{3}{24} - \dfrac{45}{24} =$

⑮ $\dfrac{4}{35} + 5\dfrac{6}{35} - 4\dfrac{11}{35} =$

⑯ $2\dfrac{10}{37} + \dfrac{8}{37} - \dfrac{14}{37} =$

⑰ $5\dfrac{33}{42} + 3\dfrac{21}{42} - 6\dfrac{16}{42} =$

⑱ $4\dfrac{5}{10} - 1\dfrac{7}{10} + \dfrac{6}{10} =$

⑲ $\dfrac{12}{17} - \dfrac{9}{17} + 2\dfrac{3}{17} =$

⑳ $3\dfrac{8}{22} - 2\dfrac{14}{22} + \dfrac{32}{22} =$

㉑ $1\dfrac{4}{29} - \dfrac{11}{29} + \dfrac{8}{29} =$

㉒ $3\dfrac{27}{30} - \dfrac{63}{30} + \dfrac{19}{30} =$

㉓ $6\dfrac{31}{38} - 4\dfrac{18}{38} + 3\dfrac{15}{38} =$

㉔ $4\dfrac{9}{40} - 3\dfrac{12}{40} + \dfrac{17}{40} =$

화살표 방향에 따라 뺄셈식을 세워!

● 빈칸에 알맞은 수 구하기

$\frac{7}{11}$	$\frac{2}{11}$	$\frac{5}{11}$
$3\frac{3}{4}$	$2\frac{1}{4}$	$1\frac{2}{4}$

$\begin{cases} \dfrac{7}{11} - \dfrac{2}{11} = \dfrac{5}{11} \\ 3\dfrac{3}{4} - 2\dfrac{1}{4} = 1\dfrac{2}{4} \end{cases}$

○ 빈칸에 알맞은 수를 써넣으시오.

1 $-$

$\frac{6}{7}$	$\frac{2}{7}$	
$4\frac{7}{9}$	$2\frac{5}{9}$	

4 $-$

1	$\frac{9}{11}$	
7	$3\frac{6}{14}$	

2 $-$

$\frac{8}{12}$	$\frac{3}{12}$	
$5\frac{11}{15}$	$1\frac{8}{15}$	

5 $-$

$3\frac{2}{6}$	$2\frac{4}{6}$	
$4\frac{5}{7}$	$\frac{20}{7}$	

3 $-$

1	$\frac{4}{8}$	
6	$\frac{7}{10}$	

6 $-$

$9\frac{6}{18}$	$4\frac{13}{18}$	
$8\frac{14}{21}$	$\frac{45}{21}$	

20 두 분수의 차 구하기

차

→ **뺄셈식**을 이용해!

● 두 분수의 차 구하기

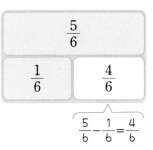

$$\frac{5}{6} - \frac{1}{6} = \frac{4}{6}$$

○ 두 분수의 차를 빈칸에 써넣으시오.

7

$\frac{4}{5}$	
$\frac{1}{5}$	

8

$3\frac{6}{8}$	
$1\frac{3}{8}$	

9

1	
$\frac{4}{13}$	

10

5	
$\frac{9}{16}$	

11

8	
	$5\frac{12}{17}$

12

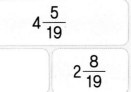

$4\frac{5}{19}$	
	$2\frac{8}{19}$

13

$6\frac{9}{22}$	
	$3\frac{17}{22}$

14

$7\frac{13}{24}$	
	$\frac{51}{24}$

덧셈과 뺄셈의 관계를 이용해!

$\blacksquare + \blacktriangle = \bullet \Rightarrow \begin{cases} \bullet - \blacktriangle = \blacksquare \\ \bullet - \blacksquare = \blacktriangle \end{cases}$

• '$\square + \dfrac{1}{5} = \dfrac{3}{5}$'에서 $\square$의 값 구하기

$\square + \dfrac{1}{5} = \dfrac{3}{5}$

⇨ 덧셈과 뺄셈의 관계를 이용하면

$\dfrac{3}{5} - \dfrac{1}{5} = \square$, $\square = \dfrac{2}{5}$

• '$\dfrac{5}{7} + \square = \dfrac{6}{7}$'에서 $\square$의 값 구하기

$\dfrac{5}{7} + \square = \dfrac{6}{7}$

⇨ 덧셈과 뺄셈의 관계를 이용하면

$\dfrac{6}{7} - \dfrac{5}{7} = \square$, $\square = \dfrac{1}{7}$

○ 어떤 수($\square$)를 구해 보시오.

1 $\boxed{} + \dfrac{2}{6} = \dfrac{5}{6}$

2 $\boxed{} + 2\dfrac{7}{11} = 3\dfrac{10}{11}$

3 $\boxed{} + \dfrac{9}{23} = 1$

4 $\boxed{} + \dfrac{14}{29} = 5$

5 $1\dfrac{3}{5} + \boxed{} = 4$

6 $1\dfrac{6}{8} + \boxed{} = 4\dfrac{2}{8}$

7 $\dfrac{17}{14} + \boxed{} = 3\dfrac{8}{14}$

8 $\dfrac{55}{20} + \boxed{} = 5\dfrac{13}{20}$

22 뺄셈식에서 어떤 수 구하기

수직선을 이용해 뺄셈식을
다른 뺄셈식으로 만들어!

$$■ - ▲ = ● \Rightarrow ■ - ● = ▲$$

'$\frac{6}{8} - \square = \frac{2}{8}$' 에서 $\square$의 값 구하기

$$\frac{6}{8} - \square = \frac{2}{8}$$

$$\Rightarrow \frac{6}{8} - \frac{2}{8} = \square, \ \square = \frac{4}{8}$$

◎ 어떤 수($\square$)를 구해 보시오.

9 $\dfrac{5}{7} - \square = \dfrac{1}{7}$

13 $6 - \square = 3\dfrac{12}{19}$

10 $4\dfrac{9}{10} - \square = 1\dfrac{4}{10}$

14 $5\dfrac{8}{21} - \square = 2\dfrac{13}{21}$

11 $1 - \square = \dfrac{3}{14}$

15 $8\dfrac{10}{25} - \square = 4\dfrac{17}{25}$

12 $3 - \square = \dfrac{6}{16}$

16 $6\dfrac{19}{27} - \square = \dfrac{38}{27}$

가장 큰 대분수와 가장 작은 대분수의 차 구하기

두 대분수의 분모가 ■이고,
네 수 ①, ②, ③, ④가 ④>③>②>①>0일 때

 가장 큰 대분수   가장 작은 대분수

$④\dfrac{③}{■}$ 가장 큰 수

$①\dfrac{②}{■}$ 가장 작은 수

- 수 카드를 모두 한 번씩만 사용하여 분모가 5인 대분수를 만들 때, 만들 수 있는 가장 큰 대분수와 가장 작은 대분수의 차를 구하는 뺄셈식 만들기

[2] [3] [4] [7]

• 가장 큰 대분수: $7\dfrac{4}{5}$ → 가장 큰 수

• 가장 작은 대분수: $2\dfrac{3}{5}$ → 가장 작은 수

⇨ 뺄셈식: $7\dfrac{4}{5}-2\dfrac{3}{5}=5\dfrac{1}{5}$

○ 수 카드를 모두 한 번씩만 사용하여 주어진 수를 분모로 하는 대분수를 만들려고 합니다.
  가장 큰 대분수와 가장 작은 대분수의 차를 구하는 뺄셈식을 만들고 계산해 보시오.

❶ [1] [2] [4] [5]

분모가 6인 두 대분수의 뺄셈식

⇨ _____

❷ [3] [7] [8] [2]

분모가 9인 두 대분수의 뺄셈식

⇨ _____

❸ [4] [8] [3] [6]

분모가 10인 두 대분수의 뺄셈식

⇨ _____

❹ [2] [10] [6] [8]

분모가 12인 두 대분수의 뺄셈식

⇨ _____

❺ [9] [4] [11] [5]

분모가 13인 두 대분수의 뺄셈식

⇨ _____

❻ [10] [7] [5] [14]

분모가 15인 두 대분수의 뺄셈식

⇨ _____

24 차가 가장 큰 뺄셈식 만들기

(차가 가장 큰 뺄셈식)

= (만들 수 있는 **가장 큰** 분수) − (만들 수 있는 **가장 작은** 분수)

- 두 수를 골라 □ 안에 써넣어 차가 가장 큰 뺄셈식 만들기

  1, 3, 6 $4\frac{□}{7}-1\frac{□}{7}$

- $4\frac{□}{7}$는 가장 커야 하므로 □=6
- $1\frac{□}{7}$는 가장 작아야 하므로 □=1

⇨ $4\frac{6}{7}-1\frac{1}{7}=3\frac{5}{7}$

○ 두 수를 골라 □ 안에 써넣어 차가 가장 큰 뺄셈식을 만들고 계산해 보시오.

7 2, 4, 5 $2\frac{□}{8}-1\frac{□}{8}$

(   )

10 1, 2, 3 $4-\frac{□}{5}$ ... $\frac{□}{5}$

(   )

8 7, 3, 6 $3\frac{□}{10}-1\frac{□}{10}$

(   )

11 5, 3, 6 $8-\frac{□}{7}$ ... $\frac{□}{7}$

(   )

9 8, 7, 6 $4\frac{□}{11}-2\frac{□}{11}$

(   )

12 4, 9, 8 $10-\frac{□}{14}$ ... $\frac{□}{14}$

(   )

• 개념플러스연산 파워 4-2

• 두 수를 골라 ☐ 안에 써넣어 차가 가장 작은 뺄셈식 만들기

$$\boxed{1,\ 4,\ 7}\qquad 3\dfrac{\Box}{11}-1\dfrac{\Box}{11}$$

• $3\dfrac{\Box}{11}$ 는 가장 작아야 하므로 ☐=1

• $1\dfrac{\Box}{11}$ 는 가장 커야 하므로 ☐=7

⇨ $3\dfrac{1}{11}-1\dfrac{7}{11}=1\dfrac{5}{11}$

(차가 가장 작은 뺄셈식)

= (만들 수 있는 **가장 작은** 분수) − (만들 수 있는 **가장 큰** 분수)

○ 두 수를 골라 ☐ 안에 써넣어 차가 가장 작은 뺄셈식을 만들고 계산해 보시오.

❶ $\boxed{3,\ 6,\ 5}$ $\quad 3\dfrac{\Box}{7}-1\dfrac{\Box}{7}$

(   )

❹ $\boxed{1,\ 3,\ 4}$ $\quad 5-\Box\dfrac{\Box}{6}$

(   )

❷ $\boxed{7,\ 5,\ 9}$ $\quad 4\dfrac{\Box}{12}-1\dfrac{\Box}{12}$

(   )

❺ $\boxed{6,\ 8,\ 2}$ $\quad 9-\Box\dfrac{\Box}{10}$

(   )

❸ $\boxed{8,\ 10,\ 7}$ $\quad 5\dfrac{\Box}{15}-3\dfrac{\Box}{15}$

(   )

❻ $\boxed{10,\ 5,\ 8}$ $\quad 12-\Box\dfrac{\Box}{13}$

(   )

26 합과 차를 알 때 두 진분수 구하기

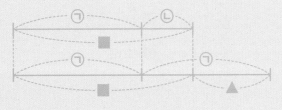

두 진분수의 분자를 ㉠, ㉡(㉠>㉡)이라고 하고,
㉠+㉡=■, ㉠-㉡=▲일 때

㉠+㉠=■+▲

➡ ㉠=(■+▲를 2로 나눈 몫), ㉡=■-㉠

● 분모가 9이고 합이 $\frac{7}{9}$, 차가 $\frac{3}{9}$인
  두 진분수 구하기
두 진분수의 분자를 ㉠, ㉡(㉠>㉡)이라고
하면 ㉠+㉡=7, ㉠-㉡=3입니다.
7+3=10이므로
㉠=10÷2=5, ㉡=7-5=2
⇨ 두 진분수는 $\frac{2}{9}$, $\frac{5}{9}$입니다.

○ 분모가 같은 진분수가 2개 있습니다.
  두 진분수의 합과 차가 다음과 같을 때, 두 진분수를 구해 보시오.

7 합: $\frac{7}{8}$ 차: $\frac{1}{8}$

(,   )

10 합: $\frac{14}{19}$ 차: $\frac{4}{19}$

(,   )

8 합: $\frac{8}{10}$ 차: $\frac{4}{10}$

(,   )

11 합: $\frac{11}{21}$ 차: $\frac{7}{21}$

(,   )

9 합: $\frac{10}{12}$ 차: $\frac{6}{12}$

(,   )

12 합: $\frac{18}{24}$ 차: $\frac{2}{24}$

(,   )

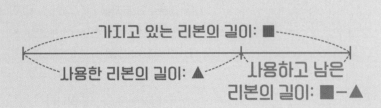

● 문제를 읽고 식을 세워 답 구하기

혜지는 리본을 $\frac{6}{7}$ m 가지고 있었습니다.

그중에서 상자를 묶는 데 $\frac{4}{7}$ m를 사용했다면

남은 리본은 몇 m입니까?

식 $\frac{6}{7} - \frac{4}{7} = \frac{2}{7}$

답 $\frac{2}{7}$ m

① 기선이는 집에 있던 주스 $\frac{7}{8}$ L 중에서 $\frac{5}{8}$ L를 마셨습니다.

기선이가 마시고 남은 주스는 몇 L입니까?

 계산 공간

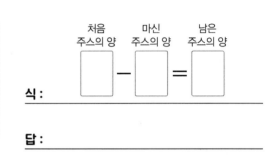

식 :

답 :

② 케이크를 경수는 $2\frac{8}{9}$ 조각 먹고, 지현이는 경수보다 $1\frac{3}{9}$ 조각 더 적게 먹었습니다.

지현이가 먹은 케이크는 몇 조각입니까?

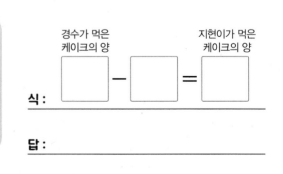

식 :

답 :

❸ 동원이는 공부를 어제는 3시간 동안 했고, 오늘은 $1\dfrac{2}{11}$시간 동안 했습니다.

동원이는 어제 오늘보다 몇 시간 더 오래 공부했습니까?

식 : _____

답 : _____

❹ 미술 시간에 꽃 모양을 만드는 데 색종이가 $7\dfrac{6}{13}$장 필요합니다.

다은이가 색종이를 $4\dfrac{9}{13}$장 가지고 있다면 더 필요한 색종이는 몇 장입니까?

식 : _____

답 : _____

❺ 기영이는 과수원에서 사과를 $5\dfrac{7}{15}$ kg 땄고, 감은 사과보다 $\dfrac{34}{15}$ kg 더 적게 땄습니다.

기영이가 딴 감은 몇 kg입니까?

식 : _____

답 : _____

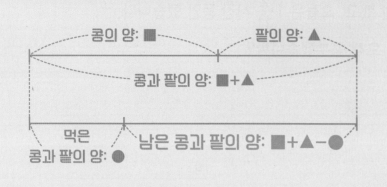

● 문제를 읽고 식을 세워 답 구하기

민규네 집에 콩 $\frac{4}{6}$ kg과 팥 $\frac{3}{6}$ kg이 있었습니다.

콩과 팥을 합하여 $\frac{2}{6}$ kg 먹었다면 남은 콩과 팥은 몇 kg입니까?

식 $\frac{4}{6} + \frac{3}{6} - \frac{2}{6} = \frac{5}{6}$

답 $\frac{5}{6}$ kg

❶ 컵에 매실 원액 $\frac{1}{8}$ L와 물 $\frac{5}{8}$ L를 넣어 매실 음료를 만들었습니다.

그중에서 $\frac{2}{8}$ L를 마셨다면 남은 매실 음료는 몇 L입니까?

✎ 계산 공간

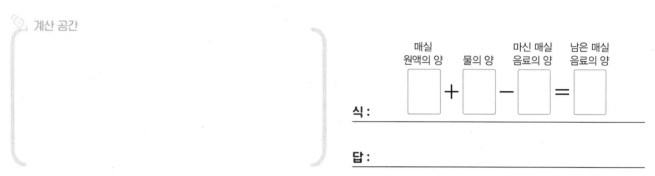

식 :

답 :

❷ 상자에 옷이 $2\frac{6}{10}$ kg 들어 있었습니다.

그중에서 $1\frac{8}{10}$ kg은 기부하고 $1\frac{4}{10}$ kg을 사서 다시 상자에 넣었습니다.

상자에 들어 있는 옷은 몇 kg입니까?

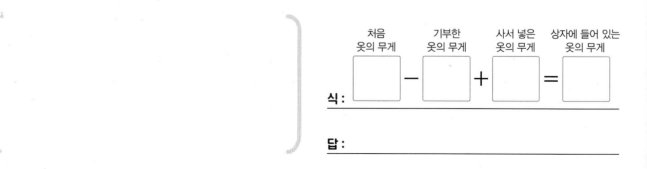

식 :

답 :

❸ 영주가 종이띠를 $\dfrac{7}{12}$ m 가지고 있었습니다.

종이띠를 $\dfrac{3}{12}$ m 사용하고, 문구점에서 $\dfrac{5}{12}$ m를 더 샀다면

영주가 가지고 있는 종이띠는 몇 m입니까?

식 : _____

답 : _____

❹ 농장에서 포도를 어머니는 $3\dfrac{9}{13}$ kg 땄고, 아버지는 $2\dfrac{5}{13}$ kg 땄습니다.

그중에서 $3\dfrac{2}{13}$ kg을 친구에게 주었습니다. 남은 포도는 몇 kg입니까?

식 : _____

답 : _____

❺ 선미가 찰흙을 $\dfrac{8}{15}$ 개 가지고 있었습니다.

종서에게 찰흙을 $\dfrac{6}{15}$ 개 받고, 모형 만들기를 하는 데 $\dfrac{12}{15}$ 개 사용했습니다.

남은 찰흙은 몇 개입니까?

식 : _____

답 : _____

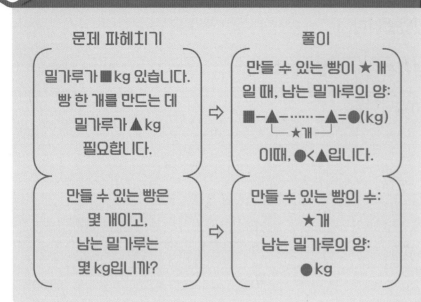

● 문제를 읽고 해결하기

밀가루가 $3\frac{5}{8}$ kg 있습니다. 빵 한 개를 만드는데 밀가루가 $1\frac{6}{8}$ kg 필요합니다. 만들 수 있는 빵은 몇 개이고, 남는 밀가루는 몇 kg입니까?

풀이

빵의 수	남는 밀가루의 양
1개	$3\frac{5}{8}-1\frac{6}{8}=1\frac{7}{8}$(kg)
2개	$1\frac{7}{8}-1\frac{6}{8}=\frac{1}{8}$(kg)

만들 수 있는 빵의 수   남는 밀가루의 양

답 만들 수 있는 빵의 수: 2개

남는 밀가루의 양: $\frac{1}{8}$ kg

❶ 쌀이 $\frac{5}{6}$ kg 있습니다. 가래떡 한 개를 만드는 데 쌀이 $\frac{2}{6}$ kg 필요합니다.
만들 수 있는 가래떡은 몇 개이고, 남는 쌀은 몇 kg입니까?

풀이 공간

(가래떡 1개를 만들고 남는 쌀의 양)$=\frac{5}{6}-\frac{2}{6}=\boxed{}$(kg)

(가래떡 2개를 만들고 남는 쌀의 양)$=\boxed{}-\frac{2}{6}=\boxed{}$(kg)

따라서 만들 수 있는 가래떡은 $\boxed{}$개, 남는 쌀은 $\boxed{}$kg입니다.

답: _____ , _____

❷ 수박이 $2\frac{7}{9}$ kg 있습니다. 주스 한 병을 만드는 데 수박이 $1\frac{2}{9}$ kg 필요합니다.
만들 수 있는 주스는 몇 병이고, 남는 수박은 몇 kg입니까?

(주스 1병을 만들고 남는 수박의 양)$=2\frac{7}{9}-1\frac{2}{9}=\boxed{}$(kg)

(주스 2병을 만들고 남는 수박의 양)$=\boxed{}-1\frac{2}{9}=\boxed{}$(kg)

따라서 만들 수 있는 주스는 $\boxed{}$병, 남는 수박은 $\boxed{}$kg입니다.

답: _____ , _____

③ 리본이 2 m 있습니다. 꽃다발 한 개를 포장하는 데 리본이 $\dfrac{8}{10}$ m 필요합니다.

포장할 수 있는 꽃다발은 몇 개이고, 남는 리본은 몇 m입니까?

답 : _____ , _____

④ 실이 $8\dfrac{1}{16}$ m 있습니다. 인형 한 개를 만드는 데 실이 $2\dfrac{6}{16}$ m 필요합니다.

만들 수 있는 인형은 몇 개이고, 남는 실은 몇 m입니까?

답 : _____ , _____

⑤ 설탕이 $7\dfrac{4}{12}$ 컵 있습니다. 잼 한 병을 만드는 데 설탕이 $1\dfrac{9}{12}$ 컵 필요합니다.

만들 수 있는 잼은 몇 병이고, 남는 설탕은 몇 컵입니까?

답 : _____ , _____

● 문제를 읽고 해결하기

어떤 수에서 $\frac{3}{9}$을 빼야 할 것을 잘못하여

더했더니 $\frac{8}{9}$이 되었습니다.

바르게 계산한 값은 얼마입니까?

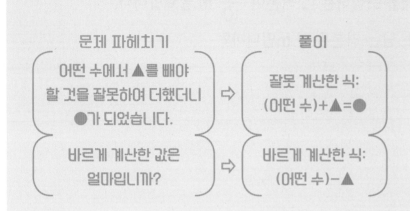

풀이 어떤 수 $\Box + \frac{3}{9} = \frac{8}{9} \Rightarrow \frac{8}{9} - \frac{3}{9} = \Box$, $\Box = \frac{5}{9}$

따라서 바르게 계산하면

$\frac{5}{9} - \frac{3}{9} = \frac{2}{9}$입니다.

답 $\frac{2}{9}$

문제 파헤치기

(어떤 수에서 ▲를 빼야 할 것을 잘못하여 더했더니 ●가 되었습니다.)

⇨

풀이

(잘못 계산한 식: (어떤 수)+▲=●)

(바르게 계산한 값은 얼마입니까?)

⇨

(바르게 계산한 식: (어떤 수)−▲)

---

❶ 어떤 수에서 $\frac{3}{10}$을 빼야 할 것을 잘못하여 더했더니 $\frac{9}{10}$가 되었습니다.

바르게 계산한 값은 얼마입니까?

✎ 풀이 공간

어떤 수

$\blacksquare + \frac{3}{10} = \boxed{} \Rightarrow \boxed{} - \frac{3}{10} = \blacksquare$, $\blacksquare = \boxed{}$

따라서 바르게 계산하면 $\boxed{} - \frac{3}{10} = \boxed{}$ 입니다.

답 : _____

---

❷ $2\frac{6}{12}$에서 어떤 수를 빼야 할 것을 잘못하여 더했더니 $3\frac{10}{12}$이 되었습니다.

바르게 계산한 값은 얼마입니까?

어떤 수

$2\frac{6}{12} + \blacksquare = \boxed{} \Rightarrow \boxed{} - 2\frac{6}{12} = \blacksquare$, $\blacksquare = \boxed{}$

따라서 바르게 계산하면 $2\frac{6}{12} - \boxed{} = \boxed{}$ 입니다.

답 : _____

❸ 어떤 수에서 $\dfrac{5}{14}$ 를 빼야 할 것을 잘못하여 더했더니 $\dfrac{11}{14}$ 이 되었습니다.

바르게 계산한 값은 얼마입니까?

답 : _____

❹ 어떤 수에서 $1\dfrac{8}{15}$ 을 빼야 할 것을 잘못하여 더했더니 $4\dfrac{4}{15}$ 가 되었습니다.

바르게 계산한 값은 얼마입니까?

답 : _____

❺ $2\dfrac{17}{20}$ 에서 어떤 수를 빼야 할 것을 잘못하여 더했더니 $5\dfrac{3}{20}$ 이 되었습니다.

바르게 계산한 값은 얼마입니까?

답 : _____

○ 계산해 보시오.

1   $\dfrac{1}{7} + \dfrac{5}{7} =$

2   $\dfrac{6}{8} + \dfrac{3}{8} =$

3   $1\dfrac{4}{9} + 3\dfrac{2}{9} =$

4   $4\dfrac{7}{11} + 2\dfrac{9}{11} =$

5   $2\dfrac{5}{13} + \dfrac{24}{13} =$

6   $\dfrac{4}{6} - \dfrac{1}{6} =$

7   $1\dfrac{8}{10} - 1\dfrac{6}{10} =$

8   $1 - \dfrac{7}{14} =$

9   $4 - \dfrac{5}{16} =$

10   $3 - 1\dfrac{8}{17} =$

11   $5\dfrac{2}{19} - 1\dfrac{6}{19} =$

12   $4\dfrac{9}{24} - 2\dfrac{13}{24} =$

13   $2\dfrac{10}{25} - \dfrac{37}{25} =$

14   $\dfrac{5}{12} + \dfrac{11}{12} - \dfrac{9}{12} =$

15 지후가 슈퍼에서 쌀 $\frac{4}{10}$ kg, 찹쌀 $\frac{2}{10}$ kg을 샀습니다. 지후가 산 쌀과 찹쌀은 모두 몇 kg입니까?

식

답

16 태오가 철사 $3\frac{2}{7}$ m를 가지고 있었습니다. 그중에서 미술 시간에 $2\frac{6}{7}$ m를 사용했다면 남은 철사는 몇 m입니까?

식

답

17 세아가 밀가루 $1\frac{5}{11}$ kg으로 쿠키를 만들고, $1\frac{10}{11}$ kg으로 빵을 만들었습니다. 남은 밀가루가 $1\frac{9}{11}$ kg일 때, 세아가 처음에 가지고 있던 밀가루는 몇 kg입니까?

식

답

18 준표는 집에 있는 딸기 $3\frac{7}{14}$ kg 중에서 $1\frac{10}{14}$ kg을 먹었습니다. 아버지께서 딸기 $2\frac{5}{14}$ kg을 더 사 오셨다면 준표네 집에 있는 딸기는 몇 kg입니까?

식

답

19 분수 카드 2장을 골라 합이 가장 큰 덧셈식을 만들고 계산해 보시오.

$1\frac{4}{8}$ $2\frac{3}{8}$ $\frac{15}{8}$

식

20 어떤 수에서 $\frac{3}{12}$을 빼야 할 것을 잘못하여 더했더니 $\frac{11}{12}$이 되었습니다. 바르게 계산한 값은 얼마입니까?

(   )

2

삼각형

◆ 맞힌 개수와 걸린 시간을 작성해 보세요.

학습 내용	일 차	맞힌 개수	걸린 시간
⑦ 이등변삼각형에서 길이가 다른 한 변의 길이 구하기	6일 차	/12개	/12분
⑧ 이등변삼각형에서 길이가 같은 변의 길이 구하기			
⑨ 이등변삼각형의 안에 있는 각도 구하기	7일 차	/12개	/12분
⑩ 이등변삼각형의 밖에 있는 각도 구하기			
⑪ 삼각형의 이름 구하기	8일 차	/10개	/12분
⑫ 크고 작은 삼각형의 수 구하기			
평가 2. 삼각형	9일 차	/15개	/18분

1 이등변삼각형, 정삼각형

두 변의 길이가 **같은 삼각형**
→ **이등변삼각형**
세 변의 길이가 **같은 삼각형**
→ **정삼각형**

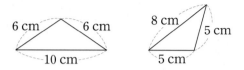

● 이등변삼각형

이등변삼각형: 두 변의 길이가 같은 삼각형

6 cm 6 cm
10 cm

8 cm 5 cm
5 cm

● 정삼각형

정삼각형: 세 변의 길이가 같은 삼각형

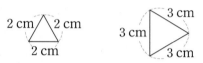

2 cm 2 cm
2 cm

3 cm
3 cm
3 cm

참고 정삼각형도 두 변의 길이가 같으므로 이등변삼각형입니다.

○ 삼각형을 이등변삼각형과 정삼각형으로 분류해 보시오.

❶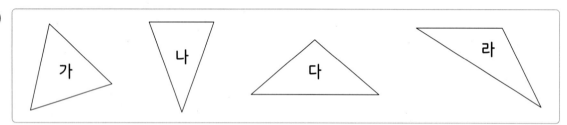

가 나 다 라

이등변삼각형	정삼각형

❷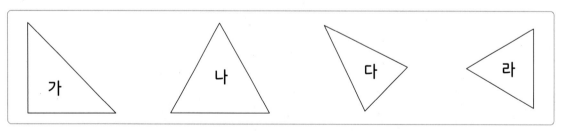

가 나 다 라

이등변삼각형	정삼각형

○ 도형은 이등변삼각형입니다.

⬜ 안에 알맞은 수를 써넣으시오.

○ 도형은 정삼각형입니다.

⬜ 안에 알맞은 수를 써넣으시오.

❸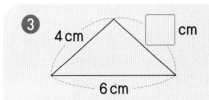
4 cm   ⬜ cm
6 cm

❼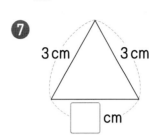
3 cm   3 cm
⬜ cm

❹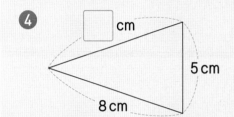
⬜ cm
5 cm
8 cm

❽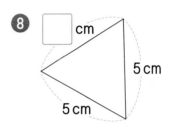
⬜ cm
5 cm
5 cm

❺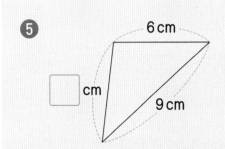
6 cm
⬜ cm
9 cm

❾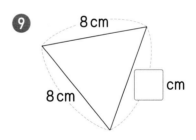
8 cm
8 cm
⬜ cm

❻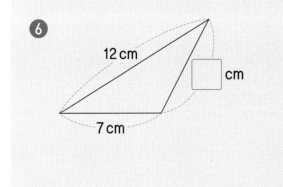
12 cm
⬜ cm
7 cm

❿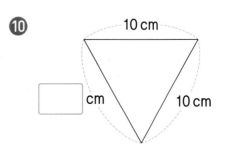
10 cm
⬜ cm   10 cm

● 이등변삼각형의 성질

이등변삼각형은 길이가 같은 두 변에 있는 두 각의 크기가 같습니다.

길이가 같은 두 변에 있는
두 각의 크기가 같습니다.

참고 세 각의 크기가 같은 삼각형도 이등변삼각형입니다.

이등변삼각형은
두 각의 크기가 같아!

○ 도형은 이등변삼각형입니다. ☐ 안에 알맞은 수를 써넣으시오.

❶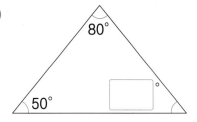

❷

❸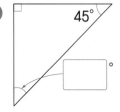

❹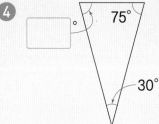

❺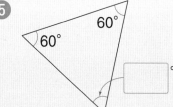

❻

○ ⬜ 안에 알맞은 수를 써넣으시오.

7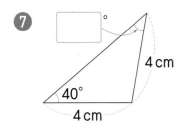

8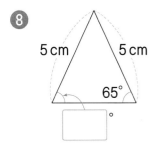

9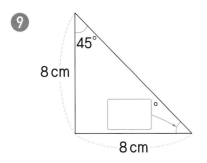

10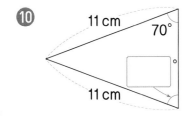

11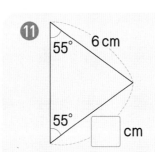

12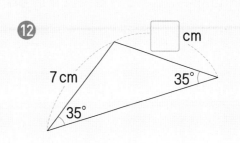

13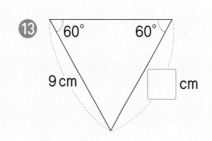

14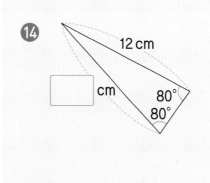

정삼각형은
세 각의 크기가 60°로
모두 같아!

● 정삼각형의 성질

정삼각형은 세 각의 크기가 모두 같습니다.

● 삼각형의 세 각의 크기의 합은 180°이므로 정삼각형의 한 각의 크기는 180°÷3=60° 입니다.

○ 도형은 정삼각형입니다. ☐ 안에 알맞은 수를 써넣으시오.

❶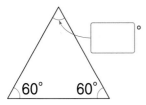

❷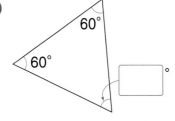

❸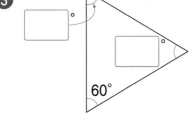

❹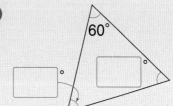

❺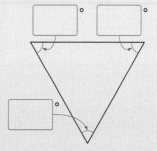

❻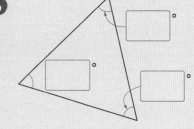

○ ☐ 안에 알맞은 수를 써넣으시오.

7
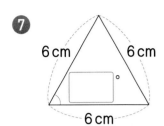

8
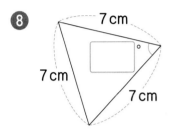

9
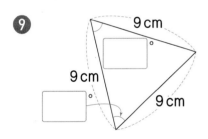

10
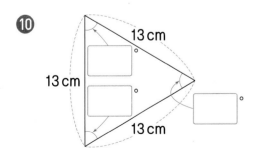

11
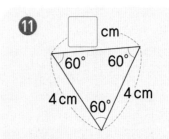

12
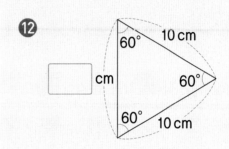

13
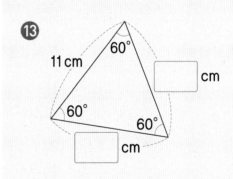

14
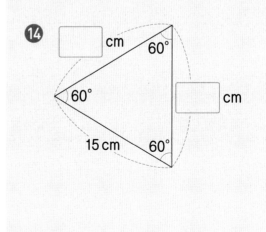

● 예각삼각형

예각삼각형: 세 각이 모두 예각인 삼각형
└ 0°< 예각 < 90°

● 둔각삼각형

둔각삼각형: 한 각이 둔각인 삼각형
└ 90°< 둔각 < 180°

🔵 삼각형을 예각삼각형, 직각삼각형, 둔각삼각형으로 분류해 보시오.

❶

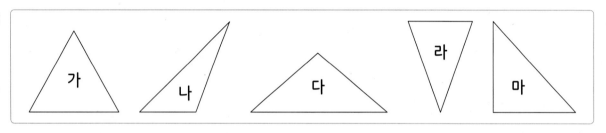

예각삼각형	직각삼각형	둔각삼각형

❷

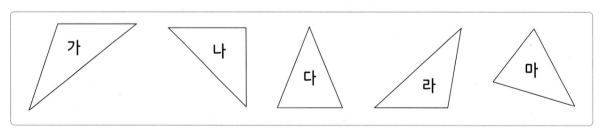

예각삼각형	직각삼각형	둔각삼각형

○ 삼각형의 세 각의 크기가 다음과 같을 때, 예각삼각형, 직각삼각형, 둔각삼각형 중에서
알맞은 것에 ○표 하시오.

❸
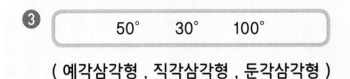
50°   30°   100°

(예각삼각형 , 직각삼각형 , 둔각삼각형)

❽
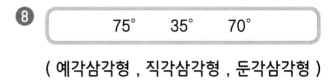
75°   35°   70°

(예각삼각형 , 직각삼각형 , 둔각삼각형)

❹
40°   60°   80°

(예각삼각형 , 직각삼각형 , 둔각삼각형)

❾
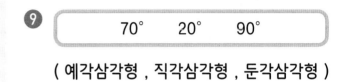
70°   20°   90°

(예각삼각형 , 직각삼각형 , 둔각삼각형)

❺
60°   60°   60°

(예각삼각형 , 직각삼각형 , 둔각삼각형)

❿
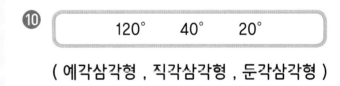
120°   40°   20°

(예각삼각형 , 직각삼각형 , 둔각삼각형)

❻
35°   115°   30°

(예각삼각형 , 직각삼각형 , 둔각삼각형)

⓫
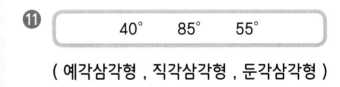
40°   85°   55°

(예각삼각형 , 직각삼각형 , 둔각삼각형)

❼
90°   25°   65°

(예각삼각형 , 직각삼각형 , 둔각삼각형)

⓬
35°   50°   95°

(예각삼각형 , 직각삼각형 , 둔각삼각형)

● 세 변의 길이의 합이 15 cm인
   정삼각형에서 ☐의 값 구하기

(정삼각형의 한 변의 길이)
= (세 변의 길이의 합) ÷ 3

☐ cm

☐+☐+☐=15이므로 ☐×3=15
⇨ ☐=15÷3=5

○ 정삼각형의 세 변의 길이의 합이 다음과 같을 때, 한 변의 길이는 몇 cm인지 구하려고 합니다.
   ☐ 안에 알맞은 수를 써넣으시오.

❶ 　☐ cm
　18 cm

❹ 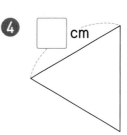　☐ cm
　27 cm

❷ 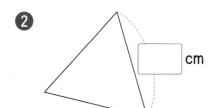　☐ cm
　30 cm

❺ 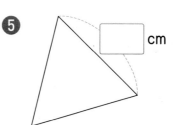　☐ cm
　33 cm

❸ 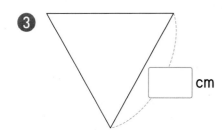　☐ cm
　48 cm

❻ 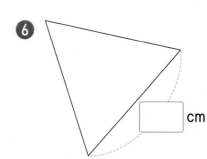　☐ cm
　57 cm

6 이등변삼각형의 세 변의 길이의 합 구하기

● 도형이 이등변삼각형일 때, 세 변의 길이의 합 구하기

7 cm
5 cm

이등변삼각형의 나머지 한 변의 길이는 7 cm입니다.
⇨ (이등변삼각형의 세 변의 길이의 합)
=7+7+5=19(cm)

○ 이등변삼각형의 세 변의 길이의 합은 몇 cm인지 구해 보시오.

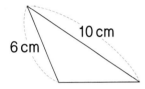

6 cm 10 cm

식 : _____

답 : _____

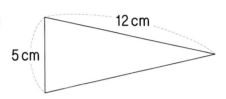

5 cm 12 cm

식 : _____

답 : _____

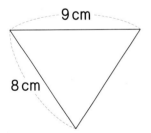

9 cm
8 cm

식 : _____

답 : _____

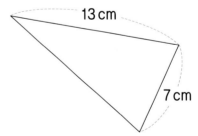

13 cm
7 cm

식 : _____

답 : _____

이등변삼각형의 세 변의 길이의 합이 ▲ cm이고, 한 변의 길이가 ㉠ cm일 때

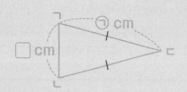

(변 ㄴㄷ)=(변 ㄱㄷ)이므로 ☐+㉠+㉠=▲

➡ ☐=▲-㉠-㉠

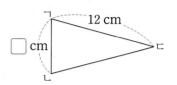

• 세 변의 길이의 합이 30 cm인 이등변삼각형에서 ☐의 값 구하기

(변 ㄴㄷ)=(변 ㄱㄷ)=12 cm이므로
☐+12+12=30, ☐+24=30
⇨ ☐=30-24=6

○ 이등변삼각형의 세 변의 길이의 합이 다음과 같을 때, 한 변의 길이는 몇 cm인지 구하려고 합니다.
☐ 안에 알맞은 수를 써넣으시오.

1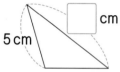
5 cm ☐ cm

18 cm

4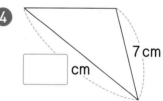
7 cm ☐ cm

25 cm

2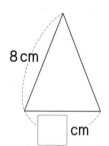
8 cm ☐ cm

22 cm

5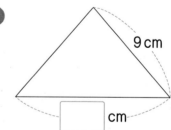
9 cm ☐ cm

30 cm

3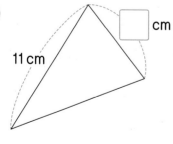
11 cm ☐ cm

29 cm

6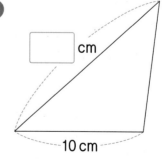
☐ cm 10 cm

35 cm

8 이등변삼각형에서 길이가 같은 변의 길이 구하기

이등변삼각형의 세 변의 길이의 합이 ▲ cm이고,
한 변의 길이가 ㉠ cm일 때

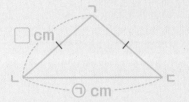

(변 ㄱㄷ)=(변 ㄱㄴ)이므로 ☐+☐+㉠=▲, ☐+☐=▲−㉠

➡ ☐=(▲−㉠을 2로 나눈 몫)

● 세 변의 길이의 합이 39 cm인
  이등변삼각형에서 ☐의 값 구하기

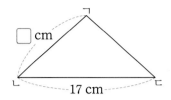

(변 ㄱㄷ)=(변 ㄱㄴ)=☐ cm이므로
☐+☐+17=39,
☐+☐=39−17=22
⇨ ☐=22÷2=11

○ 이등변삼각형의 세 변의 길이의 합이 다음과 같을 때, 한 변의 길이는 몇 cm인지 구하려고 합니다.
  ☐ 안에 알맞은 수를 써넣으시오.

7

8 cm ☐ cm

20 cm

10

☐ cm 5 cm

23 cm

8
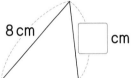
6 cm ☐ cm

24 cm

11

11 cm
☐ cm

27 cm

9
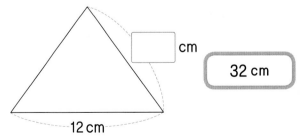
☐ cm
12 cm

32 cm

12
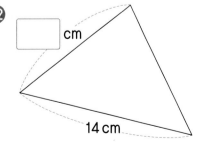
☐ cm
14 cm

36 cm

● 도형이 이등변삼각형일 때,
☐의 값 구하기

삼각형의 세 각의 크기의 합은 180°이고
(각 ㄱㄷㄴ)=(각 ㄱㄴㄷ)=☐이므로
☐+☐+40°=180°,
☐+☐=180°−40°=140°
⇨ ☐=140°÷2=70°

이등변삼각형의 길이가 같은 두 변 사이의
각의 크기가 ㉠일 때

(각 ㄱㄷㄴ)=(각 ㄱㄴㄷ)=☐이므로

☐+☐+㉠=180°,

☐+☐=180°−㉠

➡ ☐=(180°−㉠을 2로 나눈 몫)

○ 도형은 이등변삼각형입니다. ☐ 안에 알맞은 수를 써넣으시오.

❶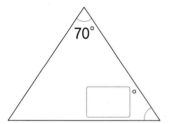

❷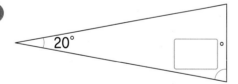

❸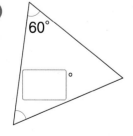

❹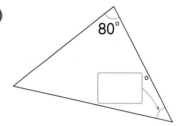

❺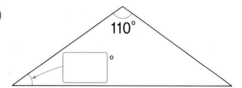

❻

10 이등변삼각형의 밖에 있는 각도 구하기

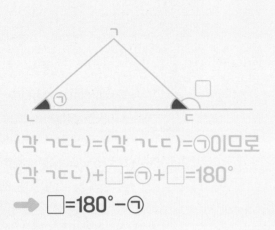

(각 ㄱㄷㄴ)=(각 ㄱㄴㄷ)=㉠이므로

(각 ㄱㄷㄴ)+□=㉠+□=180°

➡ □=180°−㉠

● 삼각형 ㄱㄴㄷ이 이등변삼각형일 때, □의 값 구하기

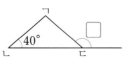

(각 ㄱㄷㄴ)=(각 ㄱㄴㄷ)=40°이므로

40°+□=180°—• 직선이 이루는 각도는 180°입니다.

⇨ □=180°−40°=140°

○ 삼각형 ㄱㄴㄷ은 이등변삼각형입니다. □ 안에 알맞은 수를 써넣으시오.

7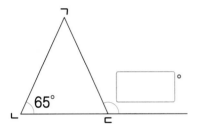

8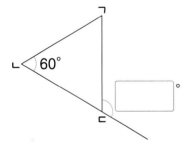

9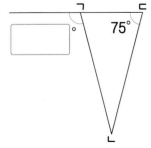

10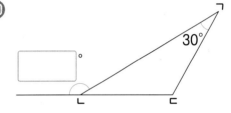

11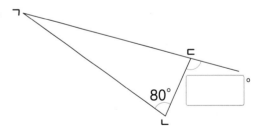

12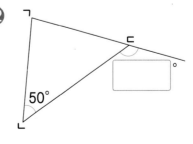

● 삼각형의 이름이 될 수 있는 것 모두 구하기

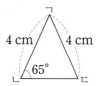

4 cm   4 cm
65°

- 두 변의 길이가 같습니다.
  → 이등변삼각형
- (각 ㄱㄷㄴ)=(각 ㄱㄴㄷ)=65°,
  (각 ㄴㄱㄷ)=180°-65°-65°=50°
  삼각형의 세 각이 65°, 65°, 50°로 모두
  예각입니다. → 예각삼각형
  ⇨ 삼각형의 이름: 이등변삼각형, 예각삼각형

변의 길이	두 변의 길이가 같으면 ➡ 이등변삼각형
	세 변의 길이가 같으면 ➡ 정삼각형
세 각의 크기	예각 3개이면 ➡ 예각삼각형
	직각 1개, 예각 2개이면 ➡ 직각삼각형
	둔각 1개, 예각 2개이면 ➡ 둔각삼각형

○ 삼각형의 이름이 될 수 있는 것을 모두 찾아 ◯표 하시오.

❶

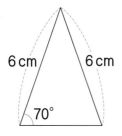

6 cm   6 cm
70°

이등변삼각형   정삼각형

예각삼각형   직각삼각형   둔각삼각형

❸

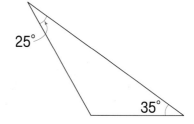

25°
35°

이등변삼각형   정삼각형

예각삼각형   직각삼각형   둔각삼각형

❷

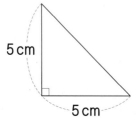

5 cm
5 cm

이등변삼각형   정삼각형

예각삼각형   직각삼각형   둔각삼각형

❹

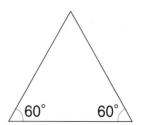

60°   60°

이등변삼각형   정삼각형

예각삼각형   직각삼각형   둔각삼각형

12 크고 작은 삼각형의 수 구하기

크고 작은 삼각형의 수는
삼각형 1개짜리,
2개짜리, 3개짜리……로
나누어 구해!

● 그림에서 크고 작은 예각삼각형의 수 구하기

• 삼각형 1개짜리: ② → 1개
• 삼각형 2개짜리: ①＋② → 1개
⇨ 찾을 수 있는 크고 작은 예각삼각형의 수:
　1＋1＝2(개)

○ 그림에서 주어진 삼각형을 찾아보려고 합니다. 크고 작은 삼각형은 모두 몇 개인지 구해 보시오.

5
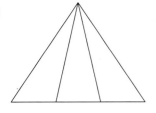
예각삼각형 (　　　　　　　)

8
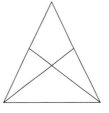
예각삼각형 (　　　　　　　　)

6
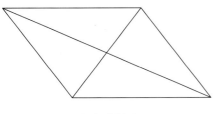
둔각삼각형 (　　　　　　　)

9
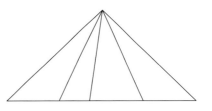
둔각삼각형 (　　　　　　　　)

7

이등변삼각형 (　　　　　　　)

10
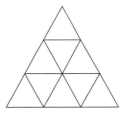
정삼각형 (　　　　　　　　)

1 삼각형을 이등변삼각형과 정삼각형으로 분류해 보시오.

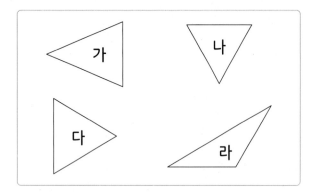

이등변삼각형	정삼각형

○ ☐ 안에 알맞은 수를 써넣으시오.

2

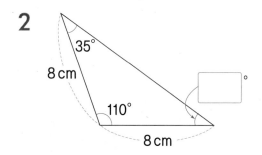

3

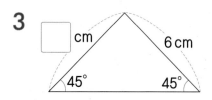

4 ☐ 안에 알맞은 수를 써넣으시오.

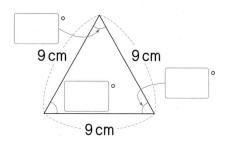

5 삼각형을 예각삼각형, 직각삼각형, 둔각삼각형으로 분류해 보시오.

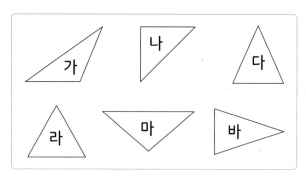

예각삼각형	직각삼각형	둔각삼각형

○ 삼각형의 세 각의 크기를 보고 알맞은 것에 ○표 하시오.

6

$$65° \quad 80° \quad 35°$$

(예각삼각형 , 직각삼각형 , 둔각삼각형)

7

$$45° \quad 30° \quad 105°$$

(예각삼각형 , 직각삼각형 , 둔각삼각형)

8 도형은 이등변삼각형입니다. 세 변의 길이의 합은 몇 cm입니까?

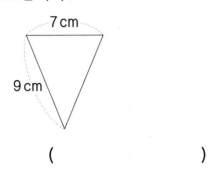

(   )

○ 삼각형의 세 변의 길이의 합이 다음과 같을 때, ☐ 안에 알맞은 수를 써넣으시오.

9

정삼각형의 세 변의 길이의 합: 24 cm

10

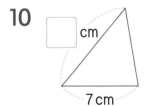

이등변삼각형의 세 변의 길이의 합: 23 cm

11

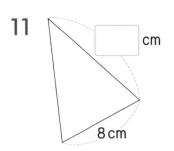

이등변삼각형의 세 변의 길이의 합: 30 cm

○ 삼각형 ㄱㄴㄷ은 이등변삼각형입니다. ☐ 안에 알맞은 수를 써넣으시오.

12

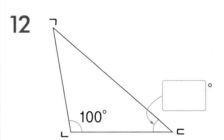

13

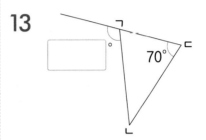

14 삼각형의 이름이 될 수 있는 것을 모두 찾아 ◯표 하시오.

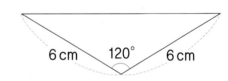

이등변삼각형   정삼각형

예각삼각형   직각삼각형   둔각삼각형

15 그림에서 찾을 수 있는 크고 작은 둔각삼각형은 모두 몇 개입니까?

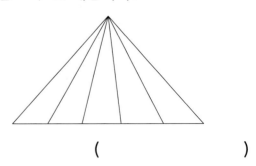

(   )

소수의 덧셈과 뺄셈

학습 내용	일 차	맞힌 개수	걸린 시간
① 소수 두 자리 수	1일 차	/17개	/5분
② 소수 두 자리 수의 자릿값			
③ 소수 세 자리 수	2일 차	/17개	/5분
④ 소수 세 자리 수의 자릿값			
⑤ 소수의 크기 비교	3일 차	/36개	/9분
⑥ 소수 사이의 관계	4일 차	/18개	/9분
⑦ 소수 사이의 관계에서 어떤 수 구하기	5일 차	/14개	/10분
⑧ 나타내는 수가 몇 배인지 구하기			
⑨ 받아올림이 없는 소수 한 자리 수의 덧셈	6일 차	/33개	/9분
⑩ 받아올림이 없는 소수 두 자리 수의 덧셈	7일 차	/33개	/10분
⑪ 받아올림이 있는 소수 한 자리 수의 덧셈	8일 차	/33개	/10분
⑫ 받아올림이 있는 소수 두 자리 수의 덧셈	9일 차	/33개	/11분
⑬ 자릿수가 다른 소수의 덧셈	10일 차	/33개	/11분
⑭ 그림에서 두 소수의 덧셈하기	11일 차	/14개	/10분
⑮ 두 소수의 합 구하기			

● 맞힌 개수와 걸린 시간을 작성해 보세요.

학습 내용	일 차	맞힌 개수	걸린 시간
⑯ 뺄셈식에서 어떤 수 구하기	12일 차	/22개	/17분
⑰ 덧셈식 완성하기	13일 차	/14개	/14분
⑱ 덧셈 문장제	14일 차	/7개	/6분
⑲ 바르게 계산한 값 구하기	15일 차	/5개	/10분
⑳ 받아내림이 없는 소수 한 자리 수의 뺄셈	16일 차	/33개	/9분
㉑ 받아내림이 없는 소수 두 자리 수의 뺄셈	17일 차	/33개	/10분
㉒ 받아내림이 있는 소수 한 자리 수의 뺄셈	18일 차	/33개	/10분
㉓ 받아내림이 있는 소수 두 자리 수의 뺄셈	19일 차	/33개	/11분
㉔ 자릿수가 다른 소수의 뺄셈	20일 차	/33개	/11분
㉕ 세 소수의 덧셈과 뺄셈	21일 차	/24개	/18분
㉖ 그림에서 두 소수의 뺄셈하기	22일 차	/14개	/10분
㉗ 두 소수의 차 구하기			
㉘ 덧셈식에서 어떤 수 구하기	23일 차	/20개	/15분
㉙ 뺄셈식에서 어떤 수 구하기			
㉚ 카드로 만든 두 소수의 합과 차 구하기	24일 차	/16개	/16분
㉛ 뺄셈식 완성하기	25일 차	/14개	/14분
㉜ 뺄셈 문장제	26일 차	/7개	/6분
㉝ 덧셈과 뺄셈 문장제	27일 차	/5개	/7분
㉞ 바르게 계산한 값 구하기	28일 차	/5개	/10분
평가 3. 소수의 덧셈과 뺄셈	29일 차	/21개	/20분

① 소수 두 자리 수

분수 $\dfrac{1}{100}$　$\dfrac{▲■}{100}$　$★\dfrac{▲■}{100}$

　　‖　‖　‖

소수 **0.01**　**0.▲■**　**★.▲■**

● 소수 두 자리 수

$\dfrac{1}{100} = 0.01$

분수	소수	
	쓰기	읽기
$\dfrac{1}{100}$	0.01	영 점 영일
$\dfrac{24}{100}$	0.24	영 점 이사
$1\dfrac{39}{100}$	1.39	일 점 삼구

○ 분수를 소수로 쓰고 읽어 보시오.

① $\dfrac{4}{100}$

쓰기 (　　　　　)
읽기 (　　　　　)

② $\dfrac{19}{100}$

쓰기 (　　　　　)
읽기 (　　　　　)

③ $\dfrac{25}{100}$

쓰기 (　　　　　)
읽기 (　　　　　)

④ $\dfrac{36}{100}$

쓰기 (　　　　　)
읽기 (　　　　　)

⑤ $\dfrac{57}{100}$

쓰기 (　　　　　)
읽기 (　　　　　)

⑥ $\dfrac{82}{100}$

쓰기 (　　　　　)
읽기 (　　　　　)

⑦ $2\dfrac{41}{100}$

쓰기 (　　　　　)
읽기 (　　　　　)

⑧ $5\dfrac{63}{100}$

쓰기 (　　　　　)
읽기 (　　　　　)

⑨ $9\dfrac{78}{100}$

쓰기 (　　　　　)
읽기 (　　　　　)

② 소수 두 자리 수의 자릿값

●소수 두 자리 수 1.46의 자릿값

일의 자리		소수 첫째 자리	소수 둘째 자리
1	.		
0	.	4	
0	.	0	6

1.46에서
1은 일의 자리 숫자이고 1을,
4는 소수 첫째 자리 숫자이고 0.4를,
6은 소수 둘째 자리 숫자이고 0.06을
나타냅니다.
⇨ 1.46＝1＋0.4＋0.06

·일의 자리 숫자
·나타내는 수: ★

★.▲■

·소수 첫째 자리 숫자
·나타내는 수: 0.▲

·소수 둘째 자리 숫자
·나타내는 수: 0.0■

○ ☐ 안에 알맞은 수나 말을 써넣으시오.

⑩ 0.25에서 2는 ☐ 자리
숫자이고 ☐ 을/를 나타냅니다.

⑪ 2.13에서 3은 ☐ 자리
숫자이고 ☐ 을/를 나타냅니다.

⑫ 5.92에서 5는 ☐ 자리
숫자이고 ☐ 을/를 나타냅니다.

⑬ 6.18에서 1은 ☐ 자리
숫자이고 ☐ 을/를 나타냅니다.

⑭ 7.46에서 6은 ☐ 자리
숫자이고 ☐ 을/를 나타냅니다.

⑮ 8.34에서 8은 ☐ 자리
숫자이고 ☐ 을/를 나타냅니다.

⑯ 10.71에서 7은 ☐ 자리
숫자이고 ☐ 을/를 나타냅니다.

⑰ 12.59에서 9는 ☐ 자리
숫자이고 ☐ 을/를 나타냅니다.

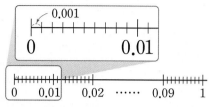

분수	소수	
	쓰기	읽기
$\dfrac{1}{1000}$	0.001	영 점 영영일
$\dfrac{357}{1000}$	0.357	영 점 삼오칠
$2\dfrac{486}{1000}$	2.486	이 점 사팔육

○ 분수를 소수로 쓰고 읽어 보시오.

❶ $\dfrac{3}{1000}$

쓰기 (　　　　　　)
읽기 (　　　　　　)

❷ $\dfrac{18}{1000}$

쓰기 (　　　　　　)
읽기 (　　　　　　)

❸ $\dfrac{49}{1000}$

쓰기 (　　　　　　)
읽기 (　　　　　　)

❹ $\dfrac{87}{1000}$

쓰기 (　　　　　　)
읽기 (　　　　　　)

❺ $\dfrac{126}{1000}$

쓰기 (　　　　　　)
읽기 (　　　　　　)

❻ $\dfrac{635}{1000}$

쓰기 (　　　　　　)
읽기 (　　　　　　)

❼ $1\dfrac{211}{1000}$

쓰기 (　　　　　　)
읽기 (　　　　　　)

❽ $4\dfrac{492}{1000}$

쓰기 (　　　　　　)
읽기 (　　　　　　)

❾ $8\dfrac{573}{1000}$

쓰기 (　　　　　　)
읽기 (　　　　　　)

4 소수 세 자리 수의 자릿값

● 소수 세 자리 수 3.145의 자릿값

일의 자리		소수 첫째 자리	소수 둘째 자리	소수 셋째 자리
3	.			
0	.	1		
0	.	0	4	
0	.	0	0	5

3.145에서
3은 일의 자리 숫자이고 3을,
1은 소수 첫째 자리 숫자이고 0.1을,
4는 소수 둘째 자리 숫자이고 0.04를,
5는 소수 셋째 자리 숫자이고 0.005를
나타냅니다.

- ·일의 자리 숫자
- ·나타내는 수: ★

- ·소수 첫째 자리 숫자
- ·나타내는 수: 0.▲

★.▲■◆

- ·소수 둘째 자리 숫자
- ·나타내는 수: 0.0■

- ·소수 셋째 자리 숫자
- ·나타내는 수: 0.00◆

○ ☐ 안에 알맞은 수나 말을 써넣으시오.

⑩ 0.421에서 1은 [　　　　] 자리
숫자이고 [　　　] 을/를 나타냅니다.

⑭ 8.697에서 9는 [　　　　] 자리
숫자이고 [　　　] 을/를 나타냅니다.

⑪ 1.253에서 5는 [　　　　] 자리
숫자이고 [　　　] 을/를 나타냅니다.

⑮ 9.854에서 8은 [　　　　] 자리
숫자이고 [　　　] 을/를 나타냅니다.

⑫ 4.729에서 7은 [　　　　] 자리
숫자이고 [　　　] 을/를 나타냅니다.

⑯ 14.576에서 4는 [　　　　] 자리
숫자이고 [　　　] 을/를 나타냅니다.

⑬ 6.341에서 6은 [　　　　] 자리
숫자이고 [　　　] 을/를 나타냅니다.

⑰ 35.912에서 2는 [　　　　] 자리
숫자이고 [　　　] 을/를 나타냅니다.

일의 자리 ➡ **소수 첫째** 자리
➡ **소수 둘째** 자리
➡ **소수 셋째** 자리
수의 크기를 차례대로 비교해!

● 소수의 크기 비교

① 일의 자리 수를 먼저 비교합니다.

② 일의 자리 수가 같으면 소수 첫째 자리 수, 소수 둘째 자리 수, 소수 셋째 자리 수의 크기를 차례대로 비교합니다.

$3.14 > 2.72$ $1.479 < 1.63$ $6.087 > 6.085$
$\quad 3 > 2$ $\qquad\qquad 4 < 6$ $\qquad\qquad 7 > 5$

● 0.3과 0.30의 크기 비교

필요한 경우 소수의 오른쪽 끝자리에 0을 붙여서 나타낼 수 있습니다.

$0.3 = 0.30$

○ 두 수의 크기를 비교하여 ◯ 안에 >, =, <를 알맞게 써넣으시오.

1 0.24 ◯ 0.31

2 0.4 ◯ 0.29

3 0.82 ◯ 0.67

4 0.305 ◯ 0.436

5 0.863 ◯ 0.928

6 1.15 ◯ 1.07

7 2.84 ◯ 3.22

8 4.93 ◯ 4.75

9 6.09 ◯ 5.57

10 8.46 ◯ 8.82

11 2.382 ◯ 2.175

12 5.039 ◯ 4.263

13 7.351 ◯ 7.688

14 8.464 ◯ 8.513

15 9.211 ◯ 8.637

⑯ 0.3 ◯ 0.42

⑰ 1.55 ◯ 1.2

⑱ 2.6 ◯ 3.39

⑲ 4.80 ◯ 4.8

⑳ 6.5 ◯ 6.31

㉑ 8.08 ◯ 7.7

㉒ 20.5 ◯ 19.86

㉓ 0.1 ◯ 0.142

㉔ 2.418 ◯ 2.2

㉕ 3.6 ◯ 5.356

㉖ 5.641 ◯ 5.7

㉗ 7.1 ◯ 6.566

㉘ 8.918 ◯ 9.7

㉙ 17.2 ◯ 17.432

㉚ 0.35 ◯ 0.162

㉛ 3.454 ◯ 3.31

㉜ 5.05 ◯ 4.131

㉝ 6.469 ◯ 6.67

㉞ 7.13 ◯ 7.130

㉟ 9.664 ◯ 9.14

㊱ 19.88 ◯ 18.9

● 소수 사이의 관계

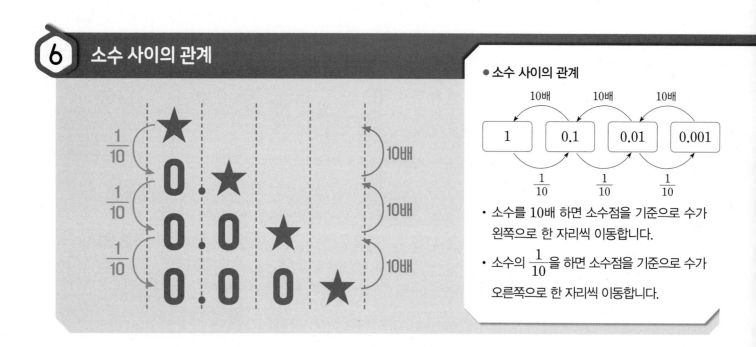

- 소수를 10배 하면 소수점을 기준으로 수가 왼쪽으로 한 자리씩 이동합니다.
- 소수의 $\frac{1}{10}$ 을 하면 소수점을 기준으로 수가 오른쪽으로 한 자리씩 이동합니다.

○ 소수 사이의 관계를 알아보려고 합니다. 빈칸에 알맞은 수를 써넣으시오.

	$\frac{1}{10}$	$\frac{1}{10}$		10배	10배
①			2		
②			15		
③			0.8		
④			4.9		
⑤			7.5		
⑥			10.6		
⑦			12.3		
⑧			247.4		

○ ☐ 안에 알맞은 수를 써넣으시오.

9 0.6의 10배는 [   ]이고,

100배는 [   ]입니다.

14 3의 $\frac{1}{10}$은 [   ]이고,

$\frac{1}{100}$은 [   ]입니다.

10 1.47의 10배는 [   ]이고,

100배는 [   ]입니다.

15 5.9의 $\frac{1}{10}$은 [   ]이고,

$\frac{1}{100}$은 [   ]입니다.

11 3.521의 10배는 [   ]이고,

100배는 [   ]입니다.

16 34.7의 $\frac{1}{10}$은 [   ]이고,

$\frac{1}{100}$은 [   ]입니다.

12 7.8의 10배는 [   ]이고,

100배는 [   ]입니다.

17 22의 $\frac{1}{10}$은 [   ]이고,

$\frac{1}{100}$은 [   ]입니다.

13 13.64의 10배는 [   ]이고,

100배는 [   ]입니다.

18 486의 $\frac{1}{10}$은 [   ]이고,

$\frac{1}{100}$은 [   ]입니다.

소수 사이의 관계를 이용해!

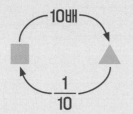

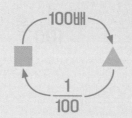

- '□×10=12'에서 □의 값 구하기

  □×10=12

  ⇨ 소수 사이의 관계를 이용하면

  □는 12의 $\frac{1}{10}$, □=1.2

- '□×$\frac{1}{10}$=1.2'에서 □의 값 구하기

  □×$\frac{1}{10}$=1.2

  ⇨ 소수 사이의 관계를 이용하면

  □는 1.2의 10배, □=12

○ 소수 사이의 관계를 이용하여 어떤 수(□)를 구해 보시오.

1 [　　　]×10=14

2 [　　　]×10=32.7

3 [　　　]×$\frac{1}{10}$=5.59

4 [　　　]×$\frac{1}{10}$=7.272

5 [　　　]×100=16

6 [　　　]×100=560

7 [　　　]×$\frac{1}{100}$=2.56

8 [　　　]×$\frac{1}{100}$=8.164

⑧ 나타내는 수가 몇 배인지 구하기

소수 세 자리 수 ⬜■.⬜■⬜
　　　　　　　　ㄱ　　ㄴ

ㄱ이 나타내는 수 ■

ㄴ이 나타내는 수 0.0■

➡ ㄱ이 나타내는 수는
　ㄴ이 나타내는 수의 **100배**

● ㄱ이 나타내는 수는 ㄴ이 나타내는 수의
　몇 배인지 구하기

12.725
ㄱ ㄴ

ㄱ이 나타내는 수: 2
ㄴ이 나타내는 수: 0.02
⇨ ㄱ이 나타내는 수는
　ㄴ이 나타내는 수의 100배입니다.

○ ㄱ이 나타내는 수는 ㄴ이 나타내는 수의 몇 배인지 구해 보시오.

❾
15.186
ㄱ ㄴ

(　　　　　　)

⓬
63.735
ㄱ ㄴ

(　　　　　　)

❿
27.739
ㄱㄴ

(　　　　　　)

⓭
87.581
ㄱ　ㄴ

(　　　　　　)

⓫
54.064
ㄱ　ㄴ

(　　　　　　)

⓮
96.329
ㄱ　ㄴ

(　　　　　　)

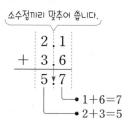

자연수의 덧셈과 같이 계산하고,
두 **소수의 소수점 위치에**
맞추어 소수점을 찍어!

• 2.1+3.6의 계산

소수점끼리 맞추어 씁니다.

```
    2 . 1
  + 3 . 6
    5 . 7
```
• 1+6=7
• 2+3=5

2.1+3.6=5.7

○ 계산해 보시오.

①
```
    0 . 2
  + 0 . 3
```

②
```
    0 . 4
  + 0 . 1
```

③
```
    0 . 5
  + 0 . 4
```

④
```
    0 . 8
  + 1 . 1
```

⑤
```
    1 . 6
  + 0 . 2
```

⑥
```
    3 . 5
  + 6 . 2
```

⑦
```
    5 . 7
  + 2 . 1
```

⑧
```
    9 . 3
  + 0 . 3
```

⑨
```
  1 0 . 3
  +  0 . 6
```

⑩
```
  1 2 . 2
  +  2 . 5
```

⑪
```
  1 3 . 6
  +  5 . 2
```

⑫
```
  1 5 . 1
  +  1 . 4
```

⑬ 0.3＋0.5＝

⑭ 0.5＋0.2＝

⑮ 0.6＋0.1＝

⑯ 0.7＋0.2＝

⑰ 0.8＋0.1＝

⑱ 1.2＋0.4＝

⑲ 2.1＋0.3＝

⑳ 2.5＋3.1＝

㉑ 3.3＋1.5＝

㉒ 4.3＋5.6＝

㉓ 5.4＋2.3＝

㉔ 6.2＋0.3＝

㉕ 7.1＋1.1＝

㉖ 7.6＋2.2＝

㉗ 8.2＋1.2＝

㉘ 9.5＋0.4＝

㉙ 11.6＋3.2＝

㉚ 13.5＋4.4＝

㉛ 20.1＋5.7＝

㉜ 23.4＋6.5＝

㉝ 26.2＋3.1＝

자연수의 덧셈과 같이 계산하고, 두 소수의 소수점 위치에 맞추어 소수점을 찍어!

● 4.36＋2.13의 계산

소수점끼리 맞추어 씁니다.

```
    4 . 3 6
  + 2 . 1 3
    6 . 4 9
```

- 6＋3＝9
- 3＋1＝4
- 4＋2＝6

4.36＋2.13＝6.49

○ 계산해 보시오.

①
```
    0 . 0 2
  + 0 . 0 4
```

②
```
    0 . 0 3
  + 0 . 5 1
```

③
```
    0 . 4 4
  + 0 . 2 5
```

④
```
    0 . 6 4
  + 1 . 0 3
```

⑤
```
    2 . 4 1
  + 5 . 1 8
```

⑥
```
    4 . 7 2
  + 3 . 2 4
```

⑦
```
    5 . 3 5
  + 1 . 4 2
```

⑧
```
    7 . 1 6
  + 2 . 8 3
```

⑨
```
    1 0 . 4 3
  +    1 . 0 5
```

⑩
```
    1 1 . 4 7
  +    0 . 5 1
```

⑪
```
    1 3 . 7 2
  +    4 . 2 6
```

⑫
```
    1 7 . 3 5
  +    2 . 5 4
```

⑬ 0.22+0.44=

⑭ 0.35+0.53=

⑮ 0.41+0.28=

⑯ 0.52+0.32=

⑰ 0.64+1.11=

⑱ 1.73+0.26=

⑲ 2.23+6.72=

⑳ 2.82+0.15=

㉑ 3.15+4.63=

㉒ 3.43+5.24=

㉓ 4.62+5.11=

㉔ 5.34+3.62=

㉕ 6.53+2.15=

㉖ 6.61+3.18=

㉗ 7.14+1.82=

㉘ 8.85+1.14=

㉙ 12.42+6.36=

㉚ 14.26+2.12=

㉛ 20.43+9.51=

㉜ 24.33+4.54=

㉝ 25.41+3.34=

소수 첫째 자리 수끼리의 합이
100I거나 10보다 크면
일의 자리로 받아올려!

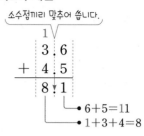

● 3.6＋4.5의 계산

소수점끼리 맞추어 씁니다.

$$\begin{array}{r} 1 \\ 3.6 \\ +\ 4.5 \\ \hline 8.1 \end{array}$$

● 6＋5＝11
● 1＋3＋4＝8

3.6＋4.5＝8.1

○ 계산해 보시오.

①
$$\begin{array}{r} 0.4 \\ +\ 0.9 \\ \hline \end{array}$$

②
$$\begin{array}{r} 0.5 \\ +\ 0.7 \\ \hline \end{array}$$

③
$$\begin{array}{r} 0.7 \\ +\ 0.6 \\ \hline \end{array}$$

④
$$\begin{array}{r} 0.8 \\ +\ 1.3 \\ \hline \end{array}$$

⑤
$$\begin{array}{r} 1.7 \\ +\ 0.6 \\ \hline \end{array}$$

⑥
$$\begin{array}{r} 2.2 \\ +\ 4.9 \\ \hline \end{array}$$

⑦
$$\begin{array}{r} 5.7 \\ +\ 3.8 \\ \hline \end{array}$$

⑧
$$\begin{array}{r} 8.3 \\ +\ 2.9 \\ \hline \end{array}$$

⑨
$$\begin{array}{r} 10.5 \\ +\ \ 5.7 \\ \hline \end{array}$$

⑩
$$\begin{array}{r} 13.8 \\ +\ \ 6.6 \\ \hline \end{array}$$

⑪
$$\begin{array}{r} 16.9 \\ +\ \ 5.1 \\ \hline \end{array}$$

⑫
$$\begin{array}{r} 17.4 \\ +\ \ 4.9 \\ \hline \end{array}$$

⑬ $0.1+0.9=$

⑭ $0.3+0.8=$

⑮ $0.4+0.7=$

⑯ $0.5+0.9=$

⑰ $0.6+1.5=$

⑱ $1.7+0.4=$

⑲ $1.9+0.3=$

⑳ $2.5+4.7=$

㉑ $2.9+1.2=$

㉒ $3.8+5.4=$

㉓ $4.6+2.8=$

㉔ $5.3+4.7=$

㉕ $5.8+1.4=$

㉖ $6.9+8.4=$

㉗ $7.1+7.9=$

㉘ $8.5+9.6=$

㉙ $14.4+2.8=$

㉚ $15.8+7.6=$

㉛ $19.9+6.7=$

㉜ $23.3+3.9=$

㉝ $27.6+5.5=$

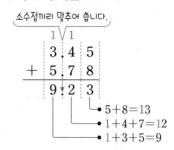

●3.45+5.78의 계산

소수점끼리 맞추어 씁니다.

```
    1 ∨ 1
    3 . 4  5
 +  5 . 7  8
    9 . 2  3
```
- 5+8=13
- 1+4+7=12
- 1+3+5=9

3.45+5.78=9.23

같은 자리 수끼리의 합이

100이거나 10보다 크면
바로 윗자리로 받아올려!

○ 계산해 보시오.

❶
```
    0 . 2  8
 +  0 . 6  4
```

❷
```
    0 . 3  6
 +  0 . 4  5
```

❸
```
    1 . 5  9
 +  3 . 2  7
```

❹
```
    2 . 1  2
 +  2 . 3  9
```

❺
```
    2 . 8  5
 +  1 . 9  3
```

❻
```
    4 . 4  1
 +  0 . 6  2
```

❼
```
    5 . 4  6
 +  3 . 9  3
```

❽
```
    6 . 7  3
 +  2 . 4  4
```

❾
```
    7 . 5  6
 +  0 . 5  7
```

❿
```
    9 . 3  5
 +  1 . 8  5
```

⓫
```
    1  2 . 8  2
 +     3 . 4  9
```

⓬
```
    1  5 . 7  7
 +     2 . 5  8
```

⑬ $0.47+0.29=$

⑭ $0.56+0.37=$

⑮ $1.34+3.58=$

⑯ $2.46+5.25=$

⑰ $3.49+4.35=$

⑱ $3.78+1.14=$

⑲ $4.62+4.19=$

⑳ $4.75+0.51=$

㉑ $5.23+1.84=$

㉒ $5.82+3.46=$

㉓ $6.21+1.91=$

㉔ $6.53+2.95=$

㉕ $7.54+1.72=$

㉖ $7.81+2.43=$

㉗ $8.75+0.46=$

㉘ $9.37+1.89=$

㉙ $10.35+1.88=$

㉚ $14.56+3.64=$

㉛ $17.19+1.93=$

㉜ $20.63+8.57=$

㉝ $25.45+3.68=$

13 자릿수가 다른 소수의 덧셈

소수의 **오른쪽 끝자리 뒤**에 **0**이 **있다**고 생각하여 **자릿수를** **맞추어** 같은 자리 수끼리 더해!

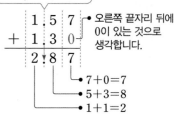

● 1.57+1.3의 계산

소수점끼리 맞추어 씁니다.

```
    1 . 5 7
  + 1 . 3 0
    2 . 8 7
```
• 오른쪽 끝자리 뒤에 0이 있는 것으로 생각합니다.
• 7+0=7
• 5+3=8
• 1+1=2

1.57+1.3=2.87

○ 계산해 보시오.

❶
```
    0 . 3 4
  + 0 . 5
```

❷
```
    1 . 2 5
  + 2 . 4
```

❸
```
    3 . 9 4
  + 4 . 6
```

❹
```
    6 . 8 2
  + 3 . 4
```

❺
```
    1 . 7
  + 3 . 1 9
```

❻
```
    5 . 3
  + 2 . 5 7
```

❼
```
    7 . 4
  + 1 . 7 1
```

❽
```
    8 . 9
  + 2 . 1 5
```

❾
```
  1 0 . 5 3
  +   2 . 6
```

❿
```
  1 2 . 8 2
  +   6 . 7
```

⓫
```
  1 3 . 6
  +  4 . 5 9
```

⓬
```
  1 6 . 3
  +  5 . 9 8
```

⑬ 0.42+0.3=

⑭ 3.69+4.2=

⑮ 4.57+2.6=

⑯ 5.68+3.4=

⑰ 6.25+1.9=

⑱ 7.49+1.8=

⑲ 9.84+0.6=

⑳ 2.5+6.11=

㉑ 3.4+4.37=

㉒ 4.6+5.74=

㉓ 5.3+2.92=

㉔ 6.6+0.71=

㉕ 7.2+1.95=

㉖ 8.4+0.83=

㉗ 10.43+1.2=

㉘ 12.56+4.7=

㉙ 15.84+3.3=

㉚ 17.2+5.19=

㉛ 19.5+3.64=

㉜ 20.7+8.52=

㉝ 24.3+5.81=

14 그림에서 두 소수의 덧셈하기

화살표 방향에 따라 덧셈식을 세워!

● 빈칸에 알맞은 수 구하기

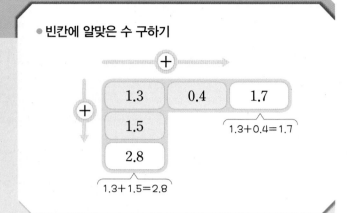

○ 빈칸에 알맞은 수를 써넣으시오.

1

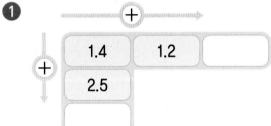

2

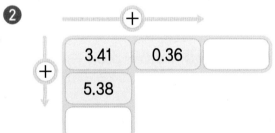

3

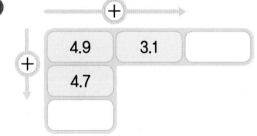

4

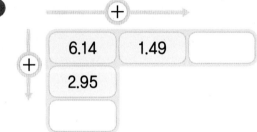

5

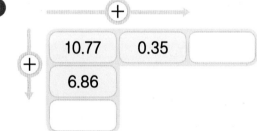

6

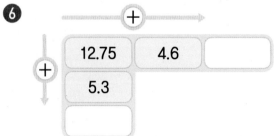

100 • 개념플러스연산 파워 4-2

15 두 소수의 합 구하기

합

→ **덧셈식**을 이용해!

● 두 소수의 합 구하기

1.2	2.3
3.5	

1.2+2.3=3.5

○ 두 소수의 합을 빈칸에 써넣으시오.

❼

1.6	3.2

⓫

6.72	2.54

❽

3.25	1.31

⓬

11.14	4.86

❾

4.9	4.6

⓭

12.51	2.7

❿

5.44	0.18

⓮

13.5	5.64

덧셈과 뺄셈의 관계를 이용해!

■−▲=● ➡ ●+▲=■

• '□−0.6=1.2'에서 □의 값 구하기

□−0.6=1.2

➡ 덧셈과 뺄셈의 관계를 이용하면

1.2+0.6=□, □=1.8

○ 어떤 수(□)를 구해 보시오.

1 $\boxed{} - 1.4 = 0.3$

2 $\boxed{} - 2.5 = 3.4$

3 $\boxed{} - 0.32 = 5.14$

4 $\boxed{} - 1.53 = 6.24$

5 $\boxed{} - 4.64 = 7.31$

6 $\boxed{} - 3.6 = 3.7$

7 $\boxed{} - 4.8 = 4.5$

8 $\boxed{} - 2.18 = 5.73$

9 $\boxed{} - 1.24 = 6.49$

10 $\boxed{} - 4.19 = 8.72$

⑪ $\boxed{} - 5.92 = 2.36$

⑰ $\boxed{} - 3.6 = 4.37$

⑫ $\boxed{} - 0.41 = 4.67$

⑱ $\boxed{} - 1.29 = 5.2$

⑬ $\boxed{} - 1.73 = 7.52$

⑲ $\boxed{} - 2.6 = 6.55$

⑭ $\boxed{} - 1.74 = 8.69$

⑳ $\boxed{} - 6.5 = 7.83$

⑮ $\boxed{} - 2.98 = 9.57$

㉑ $\boxed{} - 5.72 = 9.6$

⑯ $\boxed{} - 6.56 = 12.85$

㉒ $\boxed{} - 8.73 = 15.4$

17 덧셈식 완성하기

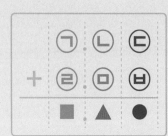

㉠	.	㉡	.	㉢
+	㉣	.	㉤	.	㉥
■	.	▲	.	●

- ㉢ 또는 ㉥이 ●보다 클 때!
- ㉡ 또는 ㉤이 ▲보다 클 때!
- ㉠ 또는 ㉣이 ■보다 클 때!

받아올림에 주의해!

- '1.2□+4.□7=□.73'에서 □의 값 구하기

$$\begin{array}{cccc} & 1 & . & 2 & ㉠ \\ + & 4 & . & ㉡ & 7 \\ \hline & ㉢ & . & 7 & 3 \end{array}$$

7이 3보다 크므로 받아올림이 있습니다.

- 소수 둘째 자리 ㉠+7=13 ⇨ ㉠=6
- 소수 첫째 자리 1+2+㉡=7 ⇨ ㉡=4
  └ 소수 둘째 자리에서 받아올림한 수
- 일의 자리 1+4=㉢ ⇨ ㉢=5

○ 덧셈식을 완성해 보시오.

①

$$\begin{array}{ccc} & 3 & . & 5 \\ + & 2 & . & \boxed{} \\ \hline & \boxed{} & . & 9 \end{array}$$

②

$$\begin{array}{ccc} & 4 & . & \boxed{} \\ + & 1 & . & 6 \\ \hline & \boxed{} & . & 3 \end{array}$$

③

$$\begin{array}{ccc} & 5 & . & 9 \\ + & \boxed{} & . & 3 \\ \hline & 8 & . & \boxed{} \end{array}$$

④

$$\begin{array}{cccc} & \boxed{} & . & 4 & 5 \\ + & 1 & . & 2 & \boxed{} \\ \hline & 4 & . & \boxed{} & 7 \end{array}$$

⑤

$$\begin{array}{cccc} & 3 & . & 6 & \boxed{} \\ + & \boxed{} & . & 1 & 9 \\ \hline & 7 & . & \boxed{} & 1 \end{array}$$

⑥

$$\begin{array}{cccc} & \boxed{} & . & 6 & 5 \\ + & 5 & . & \boxed{} & 6 \\ \hline & 9 & . & 9 & \boxed{} \end{array}$$

❼
$$\begin{array}{r} 2\,.\,\square\,4 \\ +\ \square\,.\,9\ 3 \\ \hline 6\,.\,1\ \square \end{array}$$

⓫
$$\begin{array}{r} 4\,.\,\square\,1 \\ +\ \square\,.\,8 \\ \hline 7\,.\,9\ \square \end{array}$$

❽
$$\begin{array}{r} 3\,.\,1\ \square \\ +\ 4\,.\,\square\,5 \\ \hline \square\,.\,0\ 6 \end{array}$$

⓬
$$\begin{array}{r} 6\,.\,3\ \square \\ +\ 1\,.\,\square \\ \hline \square\,.\,2\ 4 \end{array}$$

❾
$$\begin{array}{r} \square\,.\,6\ 7 \\ +\ 1\,.\,\square\,5 \\ \hline 8\,.\,5\ \square \end{array}$$

⓭
$$\begin{array}{r} \square\,.\,2 \\ +\ 6\,.\,\square\,5 \\ \hline 8\,.\,9\ \square \end{array}$$

❿
$$\begin{array}{r} 5\,.\,\square\,3 \\ +\ 3\,.\,4\ \square \\ \hline \square\,.\,2\ 2 \end{array}$$

⓮
$$\begin{array}{r} 4\,.\,\square \\ +\ 4\,.\,8\ \square \\ \hline \square\,.\,4\ 7 \end{array}$$

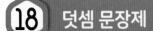

18 덧셈 문장제

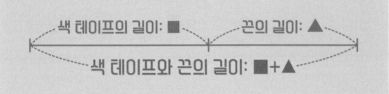

● 문제를 읽고 식을 세워 답 구하기

문구점에 색 테이프가 4.3 m, 끈이 3.6 m 있습니다. 문구점에 있는 색 테이프와 끈은 모두 몇 m입니까?

식 4.3+3.6=7.9

답 7.9 m

❶ 선물 상자를 묶는 데 파란색 리본을 0.3 m, 분홍색 리본을 0.4 m 사용했습니다.
선물 상자를 묶는 데 사용한 리본은 모두 몇 m입니까?

계산 공간

파란색 리본의 길이   분홍색 리본의 길이   사용한 리본의 길이

식 : ☐ + ☐ = ☐

답 :

❷ 연준이는 과일 가게에서 사과는 1.5 kg 샀고, 배는 사과보다 0.9 kg 더 많이 샀습니다.
연준이가 과일 가게에서 산 배는 몇 kg입니까?

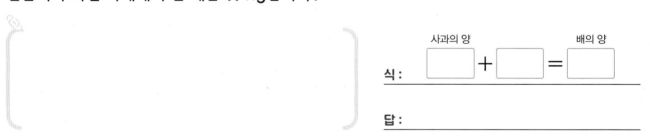

사과의 양   배의 양

식 : ☐ + ☐ = ☐

답 :

❸ 다은이가 자전거를 타고 어제는 3.14 km, 오늘은 2.28 km를 달렸습니다.
다은이가 어제와 오늘 자전거를 타고 달린 거리는 모두 몇 km입니까?

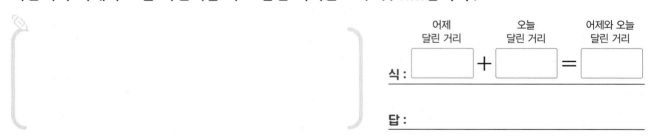

어제 달린 거리   오늘 달린 거리   어제와 오늘 달린 거리

식 : ☐ + ☐ = ☐

답 :

❹ 효진이는 물을 지난주는 4.05 L 마셨고, 이번 주는 지난주보다 1.43 L 더 많이 마셨습니다.
효진이가 이번 주에 마신 물은 몇 L입니까?

식 : _____

답 : _____

❺ 해성이네 집에서 도서관까지의 거리는 1.73 km이고,
도서관에서 할머니 댁까지의 거리는 5.62 km입니다.
해성이네 집에서 도서관을 지나 할머니 댁까지 가는 거리는 모두 몇 km입니까?

식 : _____

답 : _____

❻ 직사각형의 가로는 7.45 m이고, 세로는 가로보다 4.88 m 더 깁니다.
직사각형의 세로는 몇 m입니까?

식 : _____

답 : _____

❼ 무게가 0.53 kg인 상자에 모래 12.6 kg을 담았습니다.
모래가 담긴 상자의 무게는 몇 kg입니까?

식 : _____

답 : _____

19 바르게 계산한 값 구하기

문제 파헤치기

어떤 수에 ▲를 더해야
할 것을 잘못하여 뺐더니
●가 되었습니다.

바르게 계산한 값은
얼마입니까?

⇨

풀이

잘못 계산한 식:
(어떤 수) − ▲ = ●

바르게 계산한 식:
(어떤 수) + ▲

⇨

● 문제를 읽고 해결하기

어떤 수에 2.3을 더해야 할 것을 잘못하여
뺐더니 5.2가 되었습니다.
바르게 계산한 값은 얼마입니까?

어떤 수

풀이 $\square - 2.3 = 5.2$

$5.2 + 2.3 = \square$, $\square = 7.5$

따라서 바르게 계산하면
$7.5 + 2.3 = 9.8$입니다.

답 9.8

---

1 어떤 수에 0.5를 더해야 할 것을 잘못하여 뺐더니 0.2가 되었습니다.
바르게 계산한 값은 얼마입니까?

✎ 풀이 공간

어떤 수
$\blacksquare - 0.5 = \boxed{}$

⇨ $\boxed{} + 0.5 = \blacksquare$, $\blacksquare = \boxed{}$

따라서 바르게 계산하면 $\boxed{} + 0.5 = \boxed{}$ 입니다.

답 : _____

---

2 어떤 수에 1.16을 더해야 할 것을 잘못하여 뺐더니 2.37이 되었습니다.
바르게 계산한 값은 얼마입니까?

어떤 수
$\blacksquare - 1.16 = \boxed{}$

⇨ $\boxed{} + 1.16 = \blacksquare$, $\blacksquare = \boxed{}$

따라서 바르게 계산하면 $\boxed{} + 1.16 = \boxed{}$ 입니다.

답 : _____

3 어떤 수에 1.9를 더해야 할 것을 잘못하여 뺐더니 2.5가 되었습니다.
바르게 계산한 값은 얼마입니까?

답 : _____

4 어떤 수에 3.27을 더해야 할 것을 잘못하여 뺐더니 5.15가 되었습니다.
바르게 계산한 값은 얼마입니까?

답 : _____

5 어떤 수에 4.8을 더해야 할 것을 잘못하여 뺐더니 3.53이 되었습니다.
바르게 계산한 값은 얼마입니까?

답 : _____

자연수의 뺄셈과 같이 계산하고,
두 소수의 소수점 위치에
맞추어 소수점을 찍어!

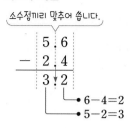

● 5.6 − 2.4의 계산

소수점끼리 맞추어 씁니다.

$$\begin{array}{r} 5.6 \\ -\ 2.4 \\ \hline 3.2 \end{array}$$

6 − 4 = 2
5 − 2 = 3

5.6 − 2.4 = 3.2

○ 계산해 보시오.

1
$$\begin{array}{r} 0.4 \\ -\ 0.2 \\ \hline \end{array}$$

2
$$\begin{array}{r} 0.6 \\ -\ 0.3 \\ \hline \end{array}$$

3
$$\begin{array}{r} 1.5 \\ -\ 0.4 \\ \hline \end{array}$$

4
$$\begin{array}{r} 1.8 \\ -\ 1.5 \\ \hline \end{array}$$

5
$$\begin{array}{r} 2.4 \\ -\ 0.3 \\ \hline \end{array}$$

6
$$\begin{array}{r} 3.8 \\ -\ 2.4 \\ \hline \end{array}$$

7
$$\begin{array}{r} 5.6 \\ -\ 3.1 \\ \hline \end{array}$$

8
$$\begin{array}{r} 7.5 \\ -\ 4.3 \\ \hline \end{array}$$

9
$$\begin{array}{r} 10.9 \\ -\ 0.6 \\ \hline \end{array}$$

10
$$\begin{array}{r} 14.7 \\ -\ 3.5 \\ \hline \end{array}$$

11
$$\begin{array}{r} 16.3 \\ -\ 6.3 \\ \hline \end{array}$$

12
$$\begin{array}{r} 19.8 \\ -\ 7.2 \\ \hline \end{array}$$

⑬ $0.5-0.3=$

⑭ $0.8-0.5=$

⑮ $1.8-0.7=$

⑯ $2.8-1.4=$

⑰ $3.3-0.1=$

⑱ $4.3-1.2=$

⑲ $4.6-2.3=$

⑳ $5.5-2.1=$

㉑ $5.9-3.9=$

㉒ $6.4-5.2=$

㉓ $6.7-4.1=$

㉔ $7.8-3.4=$

㉕ $8.5-5.3=$

㉖ $8.9-6.7=$

㉗ $9.4-4.3=$

㉘ $9.8-7.2=$

㉙ $12.8-1.5=$

㉚ $15.3-4.2=$

㉛ $23.7-2.7=$

㉜ $26.8-5.1=$

㉝ $28.5-6.4=$

자연수의 뺄셈과 같이 계산하고,
두 소수의 소수점 위치에
맞추어 소수점을 찍어!

● 7.45 - 3.21의 계산

소수점끼리 맞추어 씁니다.

$$
\begin{array}{r}
7.45 \\
- 3.21 \\
\hline
4.24
\end{array}
$$

- 5 - 1 = 4
- 4 - 2 = 2
- 7 - 3 = 4

7.45 - 3.21 = 4.24

○ 계산해 보시오.

❶
$$
\begin{array}{r}
0.08 \\
- 0.05 \\
\hline
\end{array}
$$

❷
$$
\begin{array}{r}
0.67 \\
- 0.03 \\
\hline
\end{array}
$$

❸
$$
\begin{array}{r}
0.58 \\
- 0.26 \\
\hline
\end{array}
$$

❹
$$
\begin{array}{r}
1.82 \\
- 0.41 \\
\hline
\end{array}
$$

❺
$$
\begin{array}{r}
3.74 \\
- 1.52 \\
\hline
\end{array}
$$

❻
$$
\begin{array}{r}
4.59 \\
- 2.37 \\
\hline
\end{array}
$$

❼
$$
\begin{array}{r}
5.64 \\
- 3.13 \\
\hline
\end{array}
$$

❽
$$
\begin{array}{r}
8.26 \\
- 4.16 \\
\hline
\end{array}
$$

❾
$$
\begin{array}{r}
10.45 \\
- 0.34 \\
\hline
\end{array}
$$

❿
$$
\begin{array}{r}
13.96 \\
- 2.75 \\
\hline
\end{array}
$$

⓫
$$
\begin{array}{r}
16.58 \\
- 5.42 \\
\hline
\end{array}
$$

⓬
$$
\begin{array}{r}
18.74 \\
- 6.71 \\
\hline
\end{array}
$$

⑬ $0.09-0.04=$

⑭ $0.78-0.63=$

⑮ $1.52-0.31=$

⑯ $2.49-1.12=$

⑰ $3.96-2.24=$

⑱ $4.35-1.25=$

⑲ $4.68-2.37=$

⑳ $5.29-3.15=$

㉑ $5.86-4.52=$

㉒ $6.57-2.42=$

㉓ $7.27-3.11=$

㉔ $7.88-5.61=$

㉕ $8.58-5.32=$

㉖ $8.92-4.81=$

㉗ $9.57-6.25=$

㉘ $9.95-8.85=$

㉙ $14.54-2.11=$

㉚ $19.76-8.43=$

㉛ $21.52-0.41=$

㉜ $25.27-4.21=$

㉝ $28.69-7.35=$

받아내림이 있는 소수 한 자리 수의 뺄셈

소수 첫째 자리 수끼리
뺄 수 없으면
일의 자리에서 받아내려!

● 4.3−1.7의 계산

소수점끼리 맞추어 씁니다.

$$
\begin{array}{r}
\overset{3}{\cancel{4}}.\overset{10}{\cancel{3}} \\
-\ 1\ .\ 7 \\
\hline
2\ .\ 6
\end{array}
$$

• 10+3−7=6
• 3−1=2

4.3−1.7=2.6

○ 계산해 보시오.

❶
$$
\begin{array}{r}
1\ .\ 2 \\
-\ 0\ .\ 5 \\
\hline
\end{array}
$$

❷
$$
\begin{array}{r}
2\ .\ 4 \\
-\ 0\ .\ 7 \\
\hline
\end{array}
$$

❸
$$
\begin{array}{r}
3\ .\ 6 \\
-\ 1\ .\ 8 \\
\hline
\end{array}
$$

❹
$$
\begin{array}{r}
4\ .\ 5 \\
-\ 2\ .\ 9 \\
\hline
\end{array}
$$

❺
$$
\begin{array}{r}
5\ .\ 3 \\
-\ 3\ .\ 4 \\
\hline
\end{array}
$$

❻
$$
\begin{array}{r}
6\ .\ 2 \\
-\ 2\ .\ 6 \\
\hline
\end{array}
$$

❼
$$
\begin{array}{r}
8\ .\ 5 \\
-\ 5\ .\ 7 \\
\hline
\end{array}
$$

❽
$$
\begin{array}{r}
9\ .\ 6 \\
-\ 7\ .\ 7 \\
\hline
\end{array}
$$

❾
$$
\begin{array}{r}
1\ 1\ .\ 4 \\
-\ \ \ \ 0\ .\ 6 \\
\hline
\end{array}
$$

❿
$$
\begin{array}{r}
1\ 2\ .\ 7 \\
-\ \ \ \ 1\ .\ 9 \\
\hline
\end{array}
$$

⓫
$$
\begin{array}{r}
1\ 4\ .\ 8 \\
-\ \ \ \ 6\ .\ 9 \\
\hline
\end{array}
$$

⓬
$$
\begin{array}{r}
1\ 7\ .\ 1 \\
-\ \ \ \ 9\ .\ 3 \\
\hline
\end{array}
$$

⑬ 1.1−0.3=

⑭ 2.7−0.8=

⑮ 3.3−0.9=

⑯ 4.2−2.7=

⑰ 4.6−3.8=

⑱ 5.3−3.5=

⑲ 5.8−4.9=

⑳ 6.1−2.4=

㉑ 6.7−5.8=

㉒ 7.3−3.6=

㉓ 7.8−4.9=

㉔ 8.2−0.8=

㉕ 8.6−5.7=

㉖ 9.3−1.4=

㉗ 9.5−7.9=

㉘ 9.7−1.9=

㉙ 11.4−8.5=

㉚ 15.6−3.7=

㉛ 16.1−4.3=

㉜ 20.2−7.6=

㉝ 23.8−8.9=

● 8.36 − 4.59의 계산

소수점끼리 맞추어 씁니다.

```
      7 \12  10
      8 . 3  6
  −   4 . 5  9
      3 . 7  7
```

- 10+6−9=7
- 12−5=7
- 7−4=3

8.36 − 4.59 = 3.77

같은 자리 수끼리 뺄 수 없으면 바로 윗자리에서 받아내려!

○ 계산해 보시오.

❶
```
    0 . 4  3
  − 0 . 2  5
```

❷
```
    0 . 5  2
  − 0 . 3  6
```

❸
```
    1 . 7  5
  − 0 . 4  7
```

❹
```
    2 . 4  1
  − 1 . 1  4
```

❺
```
    3 . 3  6
  − 1 . 4  2
```

❻
```
    4 . 2  8
  − 2 . 5  5
```

❼
```
    5 . 6  9
  − 4 . 8  1
```

❽
```
    7 . 5  7
  − 3 . 7  3
```

❾
```
    8 . 1  5
  − 2 . 3  8
```

❿
```
    9 . 8  2
  − 5 . 9  4
```

⓫
```
  1 2 . 3  4
  −   1 . 4  6
```

⓬
```
  1 4 . 5  7
  −   2 . 8  9
```

⑬ 0.32−0.15=

⑭ 0.84−0.69=

⑮ 2.42−1.24=

⑯ 3.41−2.18=

⑰ 4.75−2.36=

⑱ 5.46−3.29=

⑲ 5.53−1.15=

⑳ 6.52−1.61=

㉑ 6.69−0.73=

㉒ 7.36−0.74=

㉓ 7.47−2.92=

㉔ 8.43−1.82=

㉕ 8.66−3.83=

㉖ 9.15−6.31=

㉗ 9.35−2.57=

㉘ 9.42−1.56=

㉙ 10.71−3.83=

㉚ 15.35−3.69=

㉛ 17.04−1.19=

㉜ 18.63−5.88=

㉝ 24.27−1.38=

소수의 **오른쪽 끝자리 뒤**에 **0**이 **있다**고 생각하여 **자릿수를** **맞추어** 같은 자리 수끼리 빼!

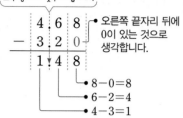

●4.68-3.2의 계산

소수점끼리 맞추어 씁니다.

```
    4 . 6  8
  - 3 . 2  0
  ─────────
    1 . 4  8
```

오른쪽 끝자리 뒤에 0이 있는 것으로 생각합니다.

8-0=8
6-2=4
4-3=1

4.68-3.2=1.48

○ 계산해 보시오.

❶
```
    0 . 5  4
  - 0 . 3
```

❷
```
    2 . 8  2
  - 1 . 5
```

❸
```
    4 . 1  1
  - 2 . 3
```

❹
```
    6 . 4  8
  - 3 . 9
```

❺
```
    2 . 9
  - 2 . 6  2
```

❻
```
    5 . 6
  - 3 . 2  5
```

❼
```
    7 . 3
  - 4 . 6  7
```

❽
```
    9 . 7
  - 5 . 8  4
```

❾
```
    1 0 . 3  1
  -    8 . 7
```

❿
```
    1 4 . 5  4
  -    2 . 8
```

⓫
```
    1 5 . 2
  -    6 . 7  9
```

⓬
```
    1 7 . 6
  -    4 . 6  3
```

⑬ $0.42-0.3=$

⑭ $3.67-2.4=$

⑮ $5.35-1.8=$

⑯ $6.86-4.9=$

⑰ $7.74-3.8=$

⑱ $8.11-5.2=$

⑲ $9.53-6.6=$

⑳ $2.8-0.12=$

㉑ $4.4-1.25=$

㉒ $5.6-3.77=$

㉓ $6.1-0.42=$

㉔ $7.5-5.68=$

㉕ $8.3-4.46=$

㉖ $9.2-8.51=$

㉗ $11.34-1.4=$

㉘ $12.55-3.6=$

㉙ $13.12-4.5=$

㉚ $14.6-2.05=$

㉛ $16.4-5.23=$

㉜ $21.2-0.36=$

㉝ $24.5-3.99=$

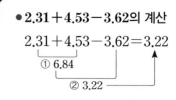

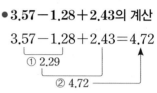

두 소수씩 **앞에서부터**
차례대로 계산해!

○ 계산해 보시오.

① 2.4＋1.5－1.3＝

② 3.8＋3.6－5.7＝

③ 4.42＋3.67－2.15＝

④ 5.35＋2.69－4.34＝

⑤ 12.02＋0.4－8.73＝

⑥ 4.6－2.2＋3.8＝

⑦ 6.7－5.9＋0.5＝

⑧ 7.61－1.45＋4.73＝

⑨ 8.49－0.38＋2.11＝

⑩ 10.4－7.33＋3.84＝

⑪ $3.7+2.4-0.6=$

⑫ $5.6+1.5-5.1=$

⑬ $6.3+7.8-9.2=$

⑭ $7.32+2.98-1.73=$

⑮ $9.69+4.03-8.12=$

⑯ $14.33+7.48-9.65=$

⑰ $18.4+4.93-6.5=$

⑱ $4.8-0.9+2.5=$

⑲ $6.1-5.5+6.3=$

⑳ $7.4-3.7+7.6=$

㉑ $8.14-1.08+5.43=$

㉒ $9.35-4.42+2.37=$

㉓ $15.12-8.69+6.61=$

㉔ $19.06-7.3+2.85=$

3. 소수의 덧셈과 뺄셈 • 121

화살표 방향에 따라 뺄셈식을 세워!

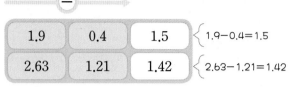

● 빈칸에 알맞은 수 구하기

| 1.9 | 0.4 | 1.5 | 1.9−0.4=1.5 |
| 2.63 | 1.21 | 1.42 | 2.63−1.21=1.42 |

○ 빈칸에 알맞은 수를 써넣으시오.

❶

| 2.6 | 1.6 | |
| 4.7 | 1.3 | |

❹

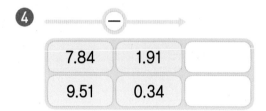

| 7.84 | 1.91 | |
| 9.51 | 0.34 | |

❷

| 4.25 | 0.12 | |
| 5.67 | 3.05 | |

❺

| 8.15 | 4.46 | |
| 11.38 | 9.79 | |

❸

| 6.7 | 1.8 | |
| 7.6 | 3.9 | |

❻

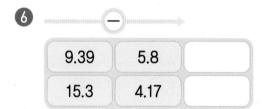

| 9.39 | 5.8 | |
| 15.3 | 4.17 | |

27 두 소수의 차 구하기

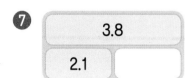

• 두 소수의 차 구하기

2.5	
1.3	1.2

2.5 − 1.3 = 1.2

○ 두 소수의 차를 빈칸에 써넣으시오.

7

3.8	
2.1	

11

9.35	
	0.71

8

4.15	
1.04	

12

12.21	
	6.42

9

6.4	
2.8	

13

8.39	
	4.5

10

7.92	
1.48	

14

14.3	
	5.78

덧셈과 뺄셈의 관계를 이용해!

$\blacksquare + \blacktriangle = \bullet \Rightarrow \begin{cases} \bullet - \blacktriangle = \blacksquare \\ \bullet - \blacksquare = \blacktriangle \end{cases}$

- '$\square + 1.4 = 1.6$'에서 $\square$의 값 구하기

$\square + 1.4 = 1.6$

$\Rightarrow$ 덧셈과 뺄셈의 관계를 이용하면

$1.6 - 1.4 = \square$, $\square = 0.2$

- '$0.2 + \square = 1.6$'에서 $\square$의 값 구하기

$0.2 + \square = 1.6$

$\Rightarrow$ 덧셈과 뺄셈의 관계를 이용하면

$1.6 - 0.2 = \square$, $\square = 1.4$

○ 어떤 수($\square$)를 구해 보시오.

❶ $\boxed{} + 0.3 = 1.5$

❷ $\boxed{} + 1.13 = 2.24$

❸ $\boxed{} + 2.46 = 3.82$

❹ $\boxed{} + 3.2 = 4.68$

❺ $\boxed{} + 5.25 = 13.1$

❻ $0.8 + \boxed{} = 3.4$

❼ $1.64 + \boxed{} = 6.36$

❽ $2.89 + \boxed{} = 8.47$

❾ $3.7 + \boxed{} = 9.58$

❿ $6.35 + \boxed{} = 17.1$

29 뺄셈식에서 어떤 수 구하기

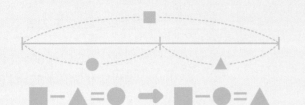

수직선을 이용해 뺄셈식을

다른 뺄셈식으로 만들어!

■−▲=● ➡ ■−●=▲

- '2.7−□=1.5'에서 □의 값 구하기

2.7−□=1.5

⇨ 2.7−1.5=□, □=1.2

○ 어떤 수(□)를 구해 보시오.

⓫ 3.2− [　　　] =1.1

⓰ 4.5− [　　　] =2.8

⓬ 3.65− [　　　] =0.43

⓱ 6.14− [　　　] =2.81

⓭ 5.49− [　　　] =1.53

⓲ 7.27− [　　　] =4.38

⓮ 8.59− [　　　] =5.5

⓳ 9.13− [　　　] =6.9

⓯ 12.3− [　　　] =1.42

⓴ 19.4− [　　　] =8.67

● 카드 4장을 한 번씩만 사용하여 소수 두 자리 수를 만들 때, 가장 큰 소수와 가장 작은 소수의 덧셈식과 뺄셈식 만들기

| 4 | 5 | 9 | . |

• 가장 큰 소수 두 자리 수: 9.54
  큰 수부터 차례대로
• 가장 작은 소수 두 자리 수: 4.59
  작은 수부터 차례대로
⇨ 덧셈식: $9.54 + 4.59 = 14.13$
  뺄셈식: $9.54 - 4.59 = 4.95$

가장 큰 소수
큰 수부터
수 카드를
차례대로 놓아!

가장 작은 소수
작은 수부터
수 카드를
차례대로 놓아!

○ 카드 4장을 한 번씩만 사용하여 소수 두 자리 수를 만들려고 합니다.
  가장 큰 소수와 가장 작은 소수의 합을 구하는 덧셈식을 만들고 계산해 보시오.

❶ | 5 | 1 | 2 | . |

덧셈식 : _____

❹ | 6 | 8 | 1 | . |

덧셈식 : _____

❷ | 4 | 7 | 3 | . |

덧셈식 : _____

❺ | 3 | 2 | 9 | . |

덧셈식 : _____

❸ | 2 | 6 | 5 | . |

덧셈식 : _____

❻ | 9 | 4 | 6 | . |

덧셈식 : _____

○ 카드 4장을 한 번씩만 사용하여 소수 두 자리 수를 만들려고 합니다.

가장 큰 소수와 가장 작은 소수의 차를 구하는 뺄셈식을 만들고 계산해 보시오.

❼

뺄셈식 : _____

⓬

뺄셈식 : _____

❽

뺄셈식 : _____

⓭

뺄셈식 : _____

❾

뺄셈식 : _____

⓮

뺄셈식 : _____

❿

뺄셈식 : _____

⓯

뺄셈식 : _____

⓫

뺄셈식 : _____

⓰

뺄셈식 : _____

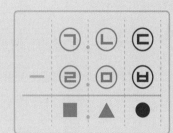

- ⓒ이 ●보다 작거나,
  ⓗ+●가 10이거나
  10보다 클 때!

- ⓛ이 ▲보다 작거나,
  ⓜ+▲가 10이거나
  10보다 클 때!

받아내림에 주의해!

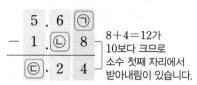

• '5.6☐−1.☐8=☐.24'에서 ☐의 값 구하기

```
    5 . 6  ㉠
  − 1 . ㉡  8
  ㉢ . 2  4
```

8+4=12가
10보다 크므로
소수 첫째 자리에서
받아내림이 있습니다.

• 소수 둘째 자리 $10+㉠-8=4 \Rightarrow ㉠=2$ ← 소수 첫째 자리에서 받아내린 수
• 소수 첫째 자리 $6-1-㉡=2 \Rightarrow ㉡=3$ ← 소수 둘째 자리로 받아내림한 수
• 일의 자리 $5-1=㉢ \Rightarrow ㉢=4$

○ 뺄셈식을 완성해 보시오.

1
```
    4 . 3
  − 1 . ☐
  ☐ . 1
```

2
```
    6 . ☐
  − 3 . 7
  ☐ . 8
```

3
```
    7 . 4
  − ☐ . 5
  3 . ☐
```

4
```
    ☐ . 7  8
  − 2 . 3  ☐
  1 . ☐  5
```

5
```
    4 . 2  ☐
  − ☐ . 1  9
  4 . ☐  7
```

6
```
    ☐ . 3  2
  − 2 . ☐  5
  3 . 0  ☐
```

⑦
```
    6 . □ 8
  -   □ . 6 7
  ─────────────
    5 . 8 □
```

⑪
```
    7 . □ 6
  -   □ . 2
  ─────────────
    2 . 2 □
```

⑧
```
    7 . 4 □
  - 4 . □ 1
  ─────────────
    □ . 8 1
```

⑫
```
    8 . 3 □
  - 5 . □
  ─────────────
    □ . 7 3
```

⑨
```
    □ . 6 4
  - 6 . □ 8
  ─────────────
    1 . 7 □
```

⑬
```
    □ . 9
  - 5 . □ 6
  ─────────────
    3 . 4 □
```

⑩
```
    9 . □ 1
  - 3 . 7 □
  ─────────────
    □ . 7 7
```

⑭
```
    9 . □
  - 4 . 3 □
  ─────────────
    □ . 7 5
```

32 뺄셈 문장제

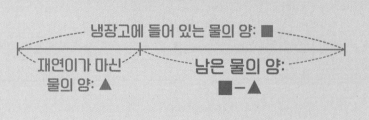

• 문제를 읽고 식을 세워 답 구하기

재연이는 냉장고에 들어 있는
물 0.8 L 중에서 0.3 L를 마셨습니다.
재연이가 마시고 남은 물은 몇 L입니까?

식 0.8－0.3＝0.5

답 0.5 L

① 보람이는 털실 0.8 m 중에서 0.6 m를 사용했습니다.
보람이가 사용하고 남은 털실은 몇 m입니까?

계산 공간

② 밭에서 감자를 은우는 3.5 kg 캤고, 주희는 은우보다 1.7 kg 더 적게 캤습니다.
주희는 감자를 몇 kg 캤습니까?

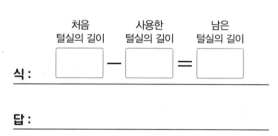

③ 화살 던지기를 하여 소유는 4.93 m 던졌고, 주하는 3.27 m 던졌습니다.
소유는 주하보다 화살을 몇 m 더 멀리 던졌습니까?

❹ 일주일 동안 우유를 민수는 3.42 L 마셨고, 혜리는 민수보다 1.21 L 더 적게 마셨습니다.
일주일 동안 혜리가 마신 우유는 몇 L입니까?

식 : _____

답 : _____

❺ 집에서 백화점까지의 거리는 8.75 km이고,
집에서 소방서까지의 거리는 6.92 km입니다.
집에서 백화점까지의 거리는 집에서 소방서까지의 거리보다 몇 km 더 멉니까?

식 : _____

답 : _____

❻ 옷이 들어 있는 상자의 무게는 9.54 kg입니다.
옷의 무게가 8.76 kg일 때, 빈 상자의 무게는 몇 kg입니까?

식 : _____

답 : _____

❼ 50 m를 세진이는 9.7초에 달렸고, 채린이는 세진이보다 2.53초 더 빨리 달렸습니다.
채린이는 50 m를 몇 초에 달렸습니까?

식 : _____

답 : _____

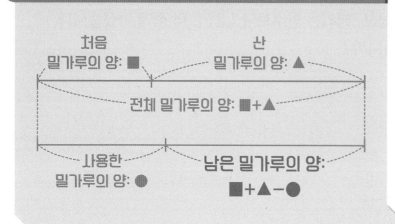

● 문제를 읽고 식을 세워 답 구하기

연호네 집에 밀가루가 0.8 kg 있었습니다.
연호는 1.5 kg의 밀가루를 더 사서
0.9 kg을 빵을 만드는 데 사용했습니다.
남은 밀가루는 몇 kg입니까?

식 $0.8+1.5-0.9=1.4$

답 1.4 kg

① 나은이네 반 교실 주전자에 물이 2.3 L 들어 있었습니다.
나은이가 주전자에 물을 1.6 L 더 넣은 뒤, 0.4 L를 마셨습니다.
주전자에 남은 물은 몇 L입니까?

✎ 계산 공간

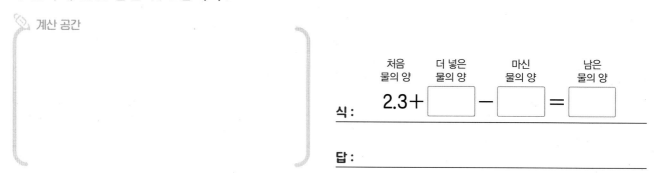

처음   더 넣은   마신   남은
물의 양   물의 양   물의 양   물의 양

식 : $2.3+\boxed{}-\boxed{}=\boxed{}$

답 :

② 영규는 지점토를 0.64 kg 가지고 있었습니다.
지점토를 친구에게 0.12 kg 주고 동생에게서 0.28 kg 받았다면
영규가 가지고 있는 지점토는 몇 kg입니까?

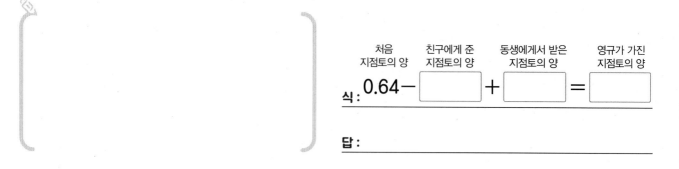

처음   친구에게 준   동생에게서 받은   영규가 가진
지점토의 양   지점토의 양   지점토의 양   지점토의 양

식 : $0.64-\boxed{}+\boxed{}=\boxed{}$

답 :

③ 빨간색 물감 4.5 g, 파란색 물감 2.6 g을 섞었습니다.
그중에서 3.2 g을 사용했다면 남은 물감은 몇 g입니까?

식 : _____

답 : _____

④ 쌀통에 쌀이 6.73 kg 들어 있었습니다.
그중에서 1.48 kg을 먹고 3.04 kg을 사서 다시 쌀통에 넣었습니다.
쌀통에 남은 쌀은 몇 kg입니까?

식 : _____

답 : _____

⑤ 준모는 끈 37.7 m 중에서 책을 묶는 데 2.45 m를 사용했습니다.
현우가 끈 2.9 m를 더 주었다면 준모가 가지고 있는 끈은 몇 m입니까?

식 : _____

답 : _____

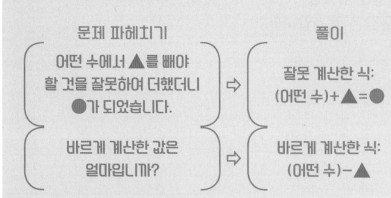

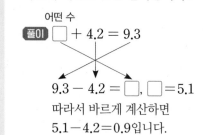

1 어떤 수에서 0.7을 빼야 할 것을 잘못하여 더했더니 2.8이 되었습니다.
   바르게 계산한 값은 얼마입니까?

✎ 풀이 공간

어떤 수
$\blacksquare + 0.7 = \boxed{}$

$\Rightarrow \boxed{} - 0.7 = \blacksquare, \blacksquare = \boxed{}$

따라서 바르게 계산하면 $\boxed{} - 0.7 = \boxed{}$ 입니다.

답 : _____

2 5.5에서 어떤 수를 빼야 할 것을 잘못하여 더했더니 6.4가 되었습니다.
   바르게 계산한 값은 얼마입니까?

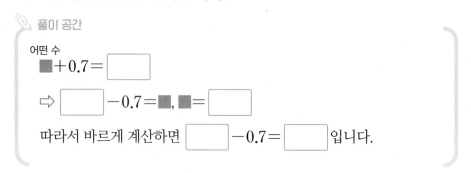

어떤 수
$5.5 + \blacksquare = \boxed{}$

$\Rightarrow \boxed{} - 5.5 = \blacksquare, \blacksquare = \boxed{}$

따라서 바르게 계산하면 $5.5 - \boxed{} = \boxed{}$ 입니다.

답 : _____

③ 어떤 수에서 3.05를 빼야 할 것을 잘못하여 더했더니 7.58이 되었습니다.
바르게 계산한 값은 얼마입니까?

답 : _____

④ 어떤 수에서 2.7을 빼야 할 것을 잘못하여 더했더니 16.32가 되었습니다.
바르게 계산한 값은 얼마입니까?

답 : _____

⑤ 8.63에서 어떤 수를 빼야 할 것을 잘못하여 더했더니 12.29가 되었습니다.
바르게 계산한 값은 얼마입니까?

답 : _____

○ 분수를 소수로 쓰고 읽어 보시오.

1 $\dfrac{49}{100}$ 쓰기 (　　　　　　　)

읽기 (　　　　　　　)

2 $2\dfrac{175}{1000}$ 쓰기 (　　　　　　　)

읽기 (　　　　　　　)

○ ☐ 안에 알맞은 수나 말을 써넣으시오.

3 1.56에서 6은 ☐ 자리

숫자이고 ☐ 을/를 나타냅니다.

4 7.938에서 8은 ☐ 자리

숫자이고 ☐ 을/를 나타냅니다.

5 두 수의 크기를 비교하여 ○ 안에 >, =, <를 알맞게 써넣으시오.

3.129 ◯ 3.135

6 빈칸에 알맞은 수를 써넣으시오.

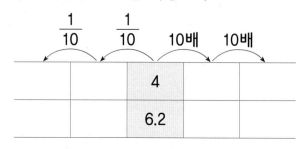

○ 계산해 보시오.

7
$$\begin{array}{r} 1.7 \\ +\ 3.6 \\ \hline \end{array}$$

8
$$\begin{array}{r} 2.4\ 3 \\ +\ 4.1\ 4 \\ \hline \end{array}$$

9
$$\begin{array}{r} 5.2 \\ -\ 2.7 \\ \hline \end{array}$$

10
$$\begin{array}{r} 6.1\ 5 \\ -\ 3.0\ 3 \\ \hline \end{array}$$

11 $3.38+6.74=$

12 $4.64+5.2=$

13 $7.41-5.88=$

14 $8.73-0.9=$

15 $9.74+2.31-1.96=$

16 과일 가게에 딸기가 4.2 kg, 귤이 5.3 kg 있습니다. 과일 가게에 있는 딸기와 귤은 모두 몇 kg입니까?

식 _____

답 _____

17 물을 재은이는 3.42 L 사용했고, 도훈이는 재은이보다 1.85 L 더 적게 사용했습니다. 도훈이가 사용한 물은 몇 L입니까?

식 _____

답 _____

18 예준이는 집에 있는 철사 3.7 m 중에서 0.16 m를 사용했습니다. 아버지께서 철사 2.55 m를 더 사 오셨다면 예준이네 집에 있는 철사는 몇 m입니까?

식 _____

답 _____

19 카드 4장을 한 번씩만 사용하여 소수 두 자리 수를 만들려고 합니다. 가장 큰 소수와 가장 작은 소수의 차를 구하는 뺄셈식을 만들고 계산해 보시오.

| 7 | 2 | 5 | . |

식 _____

20 어떤 수에 2.6을 더해야 할 것을 잘못하여 뺐더니 3.9가 되었습니다. 바르게 계산한 값은 얼마입니까?

(   )

21 어떤 수에서 4.18을 빼야 할 것을 잘못하여 더했더니 9.7이 되었습니다. 바르게 계산한 값은 얼마입니까?

(   )

사각형

● 맞힌 개수와 걸린 시간을 작성해 보세요.

학습 내용	일 차	맞힌 개수	걸린 시간
⑩ 평행사변형의 네 변의 길이의 합 구하기	8일 차	/10개	/12분
⑪ 평행사변형의 한 변의 길이 구하기			
⑫ 마름모의 네 변의 길이의 합 구하기	9일 차	/10개	/12분
⑬ 마름모의 한 변의 길이 구하기			
⑭ 평행사변형에서 각의 크기 구하기	10일 차	/12개	/12분
⑮ 마름모에서 각의 크기 구하기			
⑯ 서로 수직인 두 직선과 한 직선이 만날 때 생기는 각의 크기 구하기	11일 차	/12개	/14분
⑰ 평행선과 한 직선이 만날 때 생기는 각의 크기 구하기			
평가 4. 사각형	12일 차	/16개	/18분

① 수직과 수선

만나서 **직각**을 이루는 **두 직선**
➡ 서로 **수직**

서로 **수직**인 두 직선 중
한 직선은 다른 직선에 대한 **수선**

- **수직과 수선**
- 두 직선이 만나서 이루는 각이 직각일 때, 두 직선은 서로 **수직**이라고 합니다. — 90°
- 두 직선이 서로 수직으로 만나면 한 직선을 다른 직선에 대한 **수선**이라고 합니다.

┌ 직선 ㉮에 대한 수선: 직선 ㉯
└ 직선 ㉯에 대한 수선: 직선 ㉮

○ 직선 가와 직선 나가 서로 수직인 것에 ○표 하시오.

①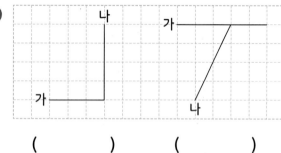

(   )   (   )

④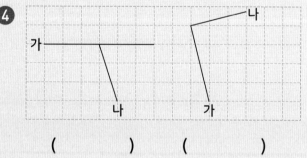

(   )   (   )

②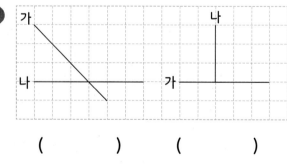

(   )   (   )

⑤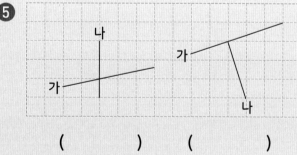

(   )   (   )

③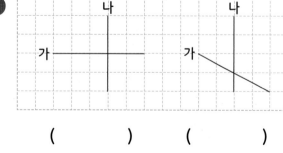

(   )   (   )

⑥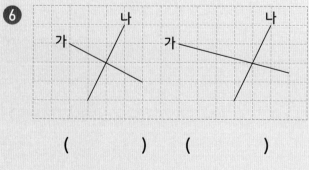

(   )   (   )

○ 서로 수직인 변이 있는 도형을 모두 찾아 ◯표 하시오.

❼

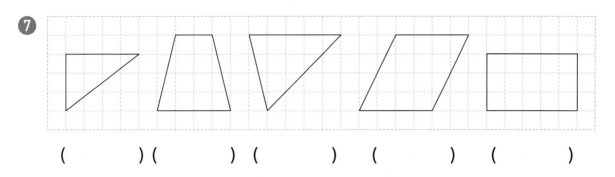

(   ) (   ) (   ) (   ) (   )

❽

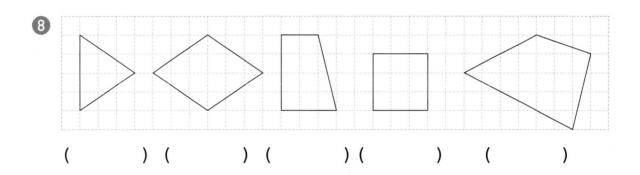

(   ) (   ) (   ) (   ) (   )

❾

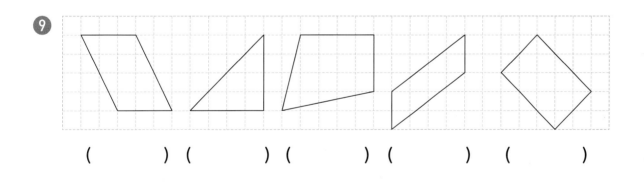

(   ) (   ) (   ) (   ) (   )

❿

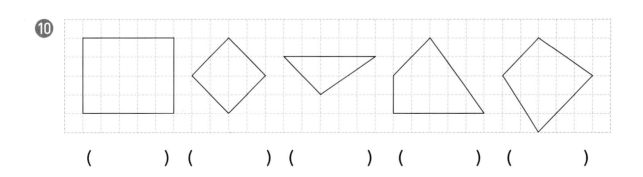

(   ) (   ) (   ) (   ) (   )

② 평행과 평행선

서로 **만나지 않는** 두 직선
→ **평행**

평행한 두 직선 → **평행선**

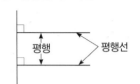
○ 직선 나와 평행한 직선을 찾아 써 보시오.

①

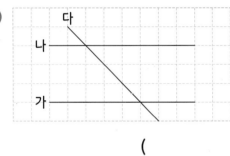

(   )

④

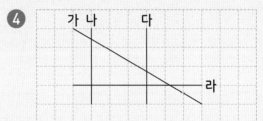

(   )

②

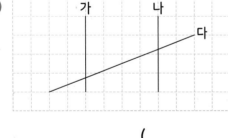

(   )

⑤

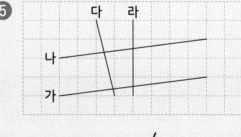

(   )

③

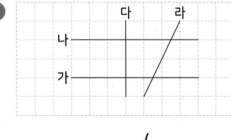

(   )

⑥

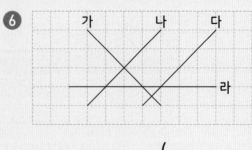

(   )

○ 사각형에서 서로 평행한 변을 모두 찾아 써 보시오.

7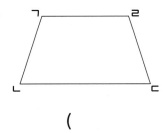

( )

11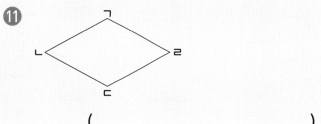

( )

8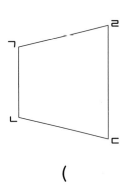

( )

12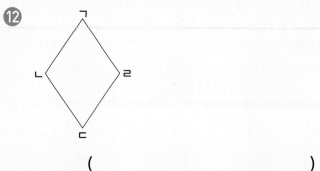

( )

9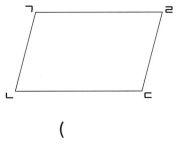

( )

13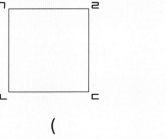

( )

10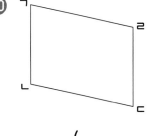

( )

14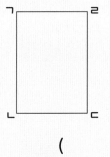

( )

평행선 사이에 그은 수선의 길이 → 평행선 사이의 거리

○ 직선 가와 직선 나는 서로 평행합니다. 평행선 사이의 거리는 몇 cm인지 구해 보시오.

❶
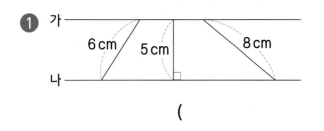

(   )

❷
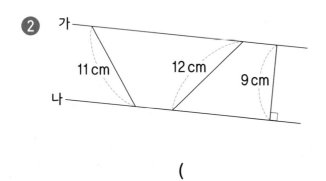

(   )

❸
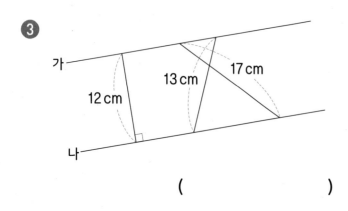

(   )

❹
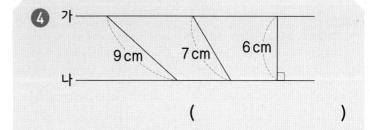

(   )

❺
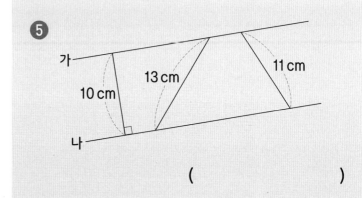

(   )

❻
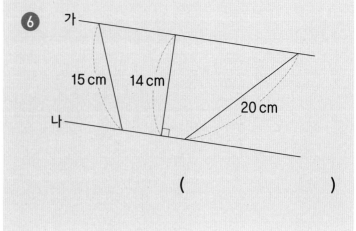

(   )

○ 도형에서 평행선 사이의 거리는 몇 cm인지 구해 보시오.

7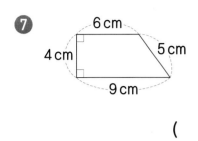

(   )

11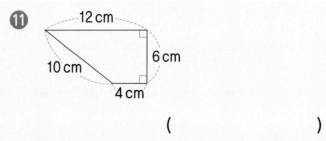

(   )

8

15 cm
3 cm
11 cm
17 cm

(   )

12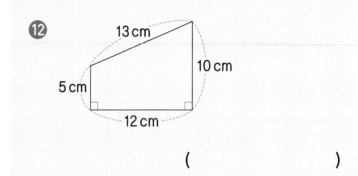

(   )

9

14 cm
11 cm
10 cm
13 cm

(   )

13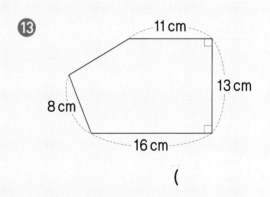

(   )

10

15 cm
16 cm
14 cm
27 cm

(   )

14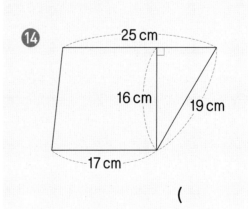

(   )

4 사다리꼴

평행한 변이
한 쌍이라도 있는 사각형
→ 사다리꼴

● 사다리꼴

사다리꼴: 평행한 변이 한 쌍이라도 있는 사각형

평행

참고 마주 보는 두 쌍의 변이 서로 평행한 사각형도
사다리꼴입니다.

평행

○ 사다리꼴을 모두 찾아 ○표 하시오.

❶
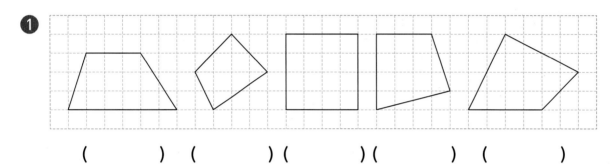

(   ) (   ) (   ) (   ) (   )

❷

(   ) (   ) (   ) (   ) (   )

❸
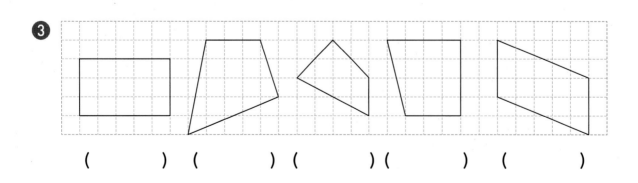

(   ) (   ) (   ) (   ) (   )

○ 사각형에서 어느 부분을 잘라 내면 사다리꼴이 되는지 [보기]와 같이 선을 그어 보시오.

보기

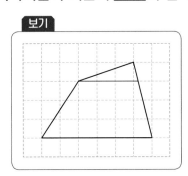

4

7
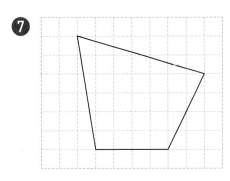

5

8
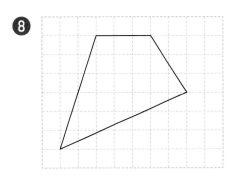

6
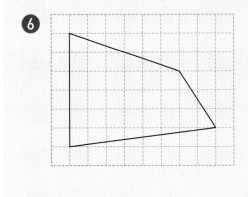

9
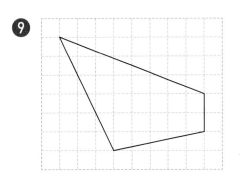

● 평행사변형

평행사변형: 마주 보는 두 쌍의 변이 서로 평행한 사각형

참고 평행사변형은 마주 보는 두 쌍의 변이 서로 평행하므로 사다리꼴입니다.

마주 보는 두 쌍의 변이 서로 **평행**한 **사각형** → **평행사변형**

◎ 평행사변형을 모두 찾아 ◯표 하시오.

1

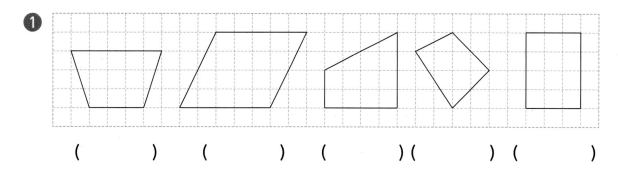

(   ) (   ) (   )(   ) (   )

2

(   ) (   ) (   )(   ) (   )

3

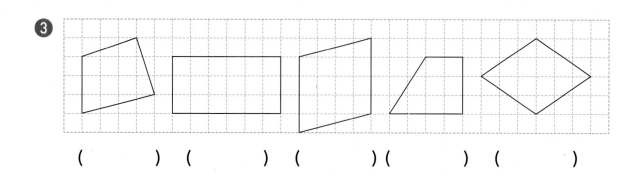

(   ) (   ) (   )(   ) (   )

6 평행사변형의 성질

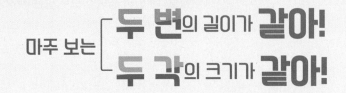

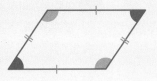

● 평행사변형의 성질
• 마주 보는 두 변의 길이가 같습니다.
• 마주 보는 두 각의 크기가 같습니다.
• 이웃한 두 각의 크기의 합이 180°입니다.

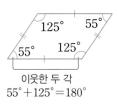

이웃한 두 각
55° + 125° = 180°

○ 도형은 평행사변형입니다. ☐ 안에 알맞은 수를 써넣으시오.

❹
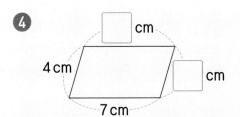

❼
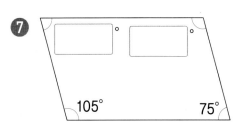

❺
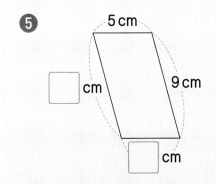

❽
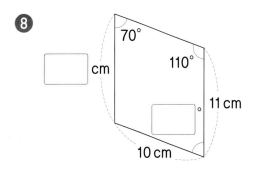

❻
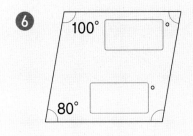

❾
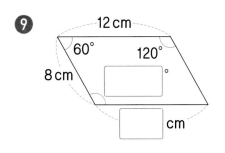

7 마름모

네 변의 길이가
모두 같은 사각형
→ 마름모

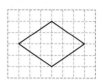

● 마름모

마름모: 네 변의 길이가 모두 같은 사각형

참고 마름모는 마주 보는 두 쌍의 변이 서로 평행하므로 사다리꼴, 평행사변형입니다.

○ 마름모를 모두 찾아 ○표 하시오.

1

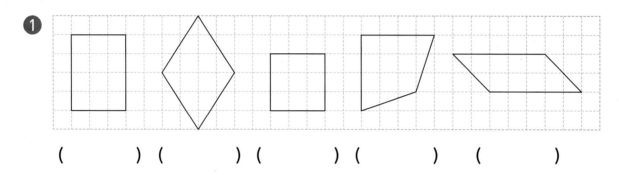

(   ) (   ) (   ) (   ) (   )

2

(   ) (   ) (   ) (   ) (   )

3

(   ) (   ) (   ) (   ) (   )

8 마름모의 성질

마주 보는 ┌ **두 변**이 서로 **평행**해!
├ **두 각**의 크기가 **같아!**
└ **꼭짓점**끼리 **이은 선분**이
서로 **수직**으로 만나고 **이등분**해!

● 마름모의 성질
• 마주 보는 두 변이 서로 평행합니다.
• 마주 보는 두 각의 크기가 같습니다.
• 마주 보는 꼭짓점끼리 이은 선분이 서로 수직으로 만나고 이등분합니다.
• 이웃한 두 각의 크기의 합이 180°입니다.

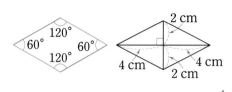

○ 도형은 마름모입니다. ☐ 안에 알맞은 수를 써넣으시오.

4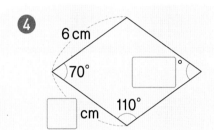

7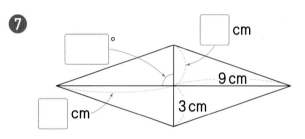

5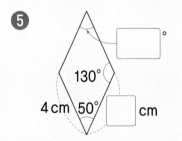

8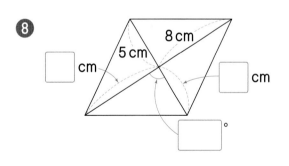

6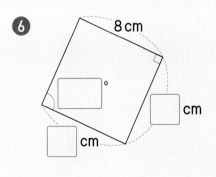

9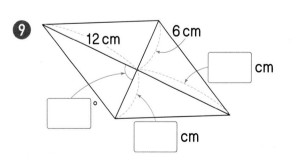

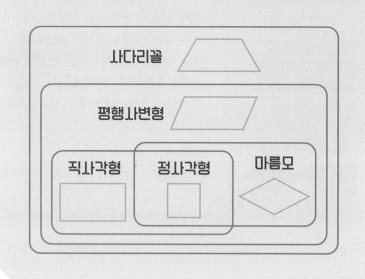

● 직사각형과 정사각형의 성질

직사각형	정사각형
• 마주 보는 두 쌍의 변이 서로 평행합니다.	
• 네 각이 모두 직각입니다.	
마주 보는 두 변의 길이가 같습니다.	네 변의 길이가 모두 같습니다.

● 여러 가지 사각형의 관계
• 평행사변형은 사다리꼴입니다.
• 마름모는 사다리꼴, 평행사변형입니다.
• 직사각형은 사다리꼴, 평행사변형입니다.
• 정사각형은 사다리꼴, 평행사변형, 마름모, 직사각형입니다.

○ 여러 가지 사각형을 보고 물음에 답하시오.

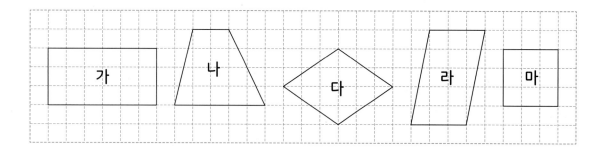

① 사다리꼴을 모두 찾아 써 보시오. ( )

② 평행사변형을 모두 찾아 써 보시오. ( )

③ 마름모를 모두 찾아 써 보시오. ( )

④ 직사각형을 모두 찾아 써 보시오. ( )

⑤ 정사각형을 찾아 써 보시오. ( )

○ 사각형에 대한 설명입니다. 옳은 것은 ○표, <u>틀린</u> 것은 ×표 하시오.

6 평행사변형은 사다리꼴입니다. □

7 마름모는 평행사변형입니다. □

8 직사각형은 사다리꼴입니다. □

9 정사각형은 마름모입니다. □

10 사다리꼴은 평행사변형입니다. □

11 평행사변형은 마름모입니다. □

12 마름모는 정사각형입니다. □

13 마름모는 사다리꼴입니다. □

14 직사각형은 마름모입니다. □

15 정사각형은 직사각형입니다. □

16 사다리꼴은 마름모입니다. □

17 평행사변형은 직사각형입니다. □

18 마름모는 직사각형입니다. □

19 직사각형은 정사각형입니다. □

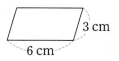

- 한 변의 길이가 **6 cm**, 다른 한 변의 길이가 **3 cm**인 평행사변형의 네 변의 길이의 합 구하기

평행사변형은 마주 보는 두 변의 길이가 같습니다.

⇨ (평행사변형의 네 변의 길이의 합)
  $= 6 + 3 + 6 + 3 = 9 \times 2 = 18 \text{(cm)}$
  6+3

(평행사변형의 네 변의 길이의 합)
$=$ (서로 다른 두 변의 길이의 합) $\times 2$

○ 평행사변형의 네 변의 길이의 합은 몇 cm인지 구해 보시오.

1
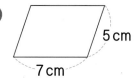
5 cm
7 cm

식 : _____

답 : _____

3
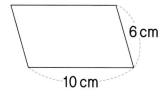
6 cm
10 cm

식 : _____

답 : _____

2
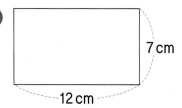
7 cm
12 cm

식 : _____

답 : _____

4
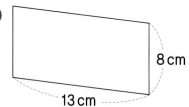
8 cm
13 cm

식 : _____

답 : _____

11 평행사변형의 한 변의 길이 구하기

● 네 변의 길이의 합이 22 cm인 평행사변형에서
$\square$의 값 구하기

(평행사변형의 네 변의 길이의 합)÷2
= (서로 다른 두 변의 길이의 합)

(모르는 한 변)=(서로 다른 두 변의 길이의 합)
－(주어진 한 변의 길이)

$7+\square+7+\square=22,\ 7+\square=22\div2=11$
$\Rightarrow \square=11-7=4$

○ 평행사변형의 네 변의 길이의 합이 다음과 같을 때, 한 변의 길이는 몇 cm인지 구하려고 합니다.
$\square$ 안에 알맞은 수를 써넣으시오.

5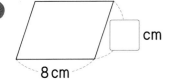
8 cm

28 cm

8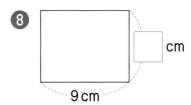
9 cm

32 cm

6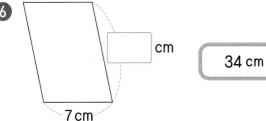
7 cm

34 cm

9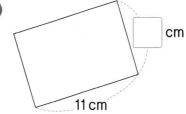
11 cm

38 cm

7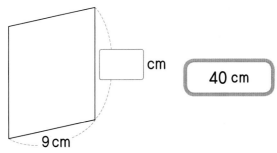
9 cm

40 cm

10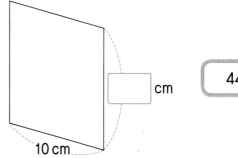
10 cm

44 cm

● 한 변의 길이가 **5 cm**인 마름모의
네 변의 길이의 합 구하기

5 cm

마름모는 네 변의 길이가 모두 같습니다.

⇨ (마름모의 네 변의 길이의 합)
$=5+5+5+5=5 \times 4=20(cm)$

(마름모의 네 변의 길이의 합)

=(한 변의 길이)×4

○ 마름모의 네 변의 길이의 합은 몇 cm인지 구해 보시오.

①

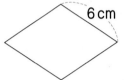

6 cm

식 : _____

답 : _____

③

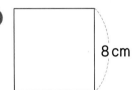

8 cm

식 : _____

답 : _____

②

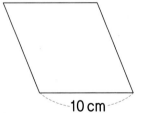

10 cm

식 : _____

답 : _____

④

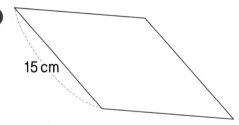

15 cm

식 : _____

답 : _____

13 **마름모의 한 변의 길이 구하기** 4단원

● 네 변의 길이의 합이 16 cm인 마름모에서 □의 값 구하기

(한 변의 길이) × 4 = (마름모의 네 변의 길이의 합)

(한 변의 길이) = (마름모의 네 변의 길이의 합) ÷ 4

□cm

□+□+□+□=□×4=16
⇨ □=16÷4=4

○ 마름모의 네 변의 길이의 합이 다음과 같을 때, 한 변의 길이는 몇 cm인지 구하려고 합니다.
□ 안에 알맞은 수를 써넣으시오.

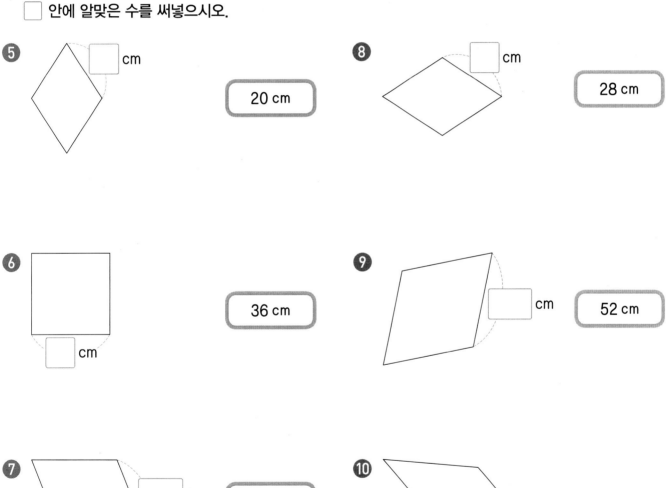

❺ □ cm   20 cm

❽ □ cm   28 cm

❻ □ cm   36 cm

❾ □ cm   52 cm

❼ □ cm   44 cm

❿ □ cm   56 cm

평행사변형에서 각의 크기 구하기

평행사변형에서 이웃한 두 각의
크기의 합은 180°입니다.

(평행사변형의 구하는 각의 크기)

$=180°-$ (구하는 각과 **이웃한** **한 각의 크기**)

$110°+㉠=180°$ ⇨ $㉠=180°-110°=70°$

○ 평행사변형에서 ㉠의 각도는 몇 도인지 구해 보시오.

❶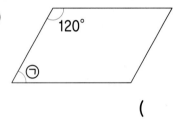

120°

㉠

(   )

❹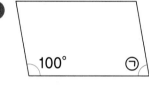

100°

㉠

(   )

❷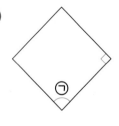

㉠

(   )

❺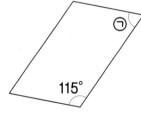

㉠

115°

(   )

❸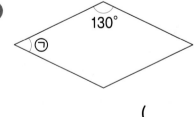

130°

㉠

(   )

❻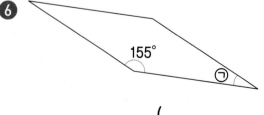

155°

㉠

(   )

15 마름모에서 각의 크기 구하기

마름모　　　　　　　이등변삼각형 2개

반으로
나누기

• 마름모에서 ㉠의 각도 구하기

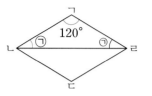

삼각형 ㄱㄴㄹ은 이등변삼각형입니다.
$120° + ㉠ + ㉠ = 180°$,
$㉠ + ㉠ = 180° - 120° = 60°$
$⇨ ㉠ = 60° ÷ 2 = 30°$

○ 마름모에서 ㉠의 각도는 몇 도인지 구해 보시오.

7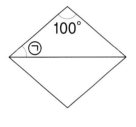

(　　　　　　　)

10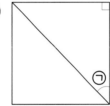

(　　　　　　　)

8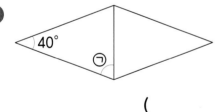

(　　　　　　　)

11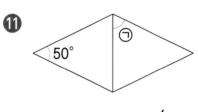

(　　　　　　　)

9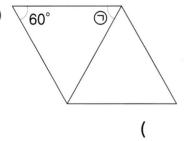

(　　　　　　　)

12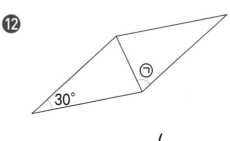

(　　　　　　　)

16 서로 수직인 두 직선과 한 직선이 만날 때
생기는 각의 크기 구하기

직선 가와 직선 나가 서로 **수직**일 때

➡ ㉠ = 90° - ■

• 직선 가와 직선 나가 서로 수직일 때,
 ㉠의 각도 구하기

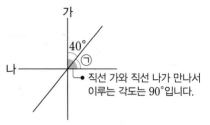

↳ 직선 가와 직선 나가 만나서
이루는 각도는 90°입니다.

$40° + ㉠ = 90° ⇨ ㉠ = 90° - 40° = 50°$

○ 직선 가와 직선 나는 서로 수직입니다. ☐ 안에 알맞은 수를 써넣으시오.

❶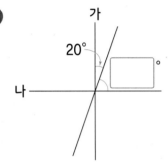

❹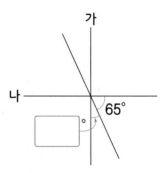

❷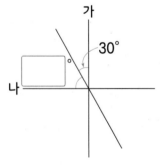

❺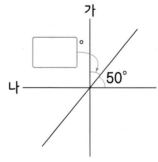

❸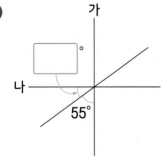

❻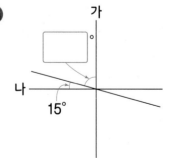

17 평행선과 한 직선이 만날 때 생기는 각의 크기 구하기

평행선 사이에 **수선을 그어**
만든 **사각형**의 네 각의 크기의 합이
360° 임을 이용해!

● 직선 가와 직선 나가 서로 평행할 때,
㉠의 각도 구하기

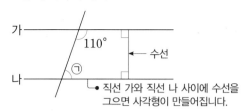

$110° + ㉠ + 90° + 90° = 360°$,
$㉠ + 290° = 360°$
⇨ $㉠ = 360° - 290° = 70°$

○ 직선 가와 직선 나는 서로 평행합니다. ㉠의 각도는 몇 도인지 구해 보시오.

7

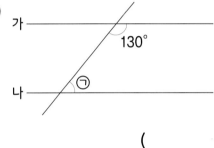

(   )

10

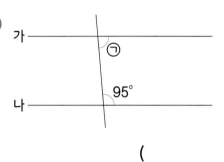

(   )

8

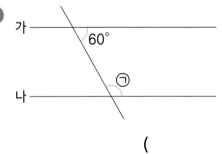

(   )

11

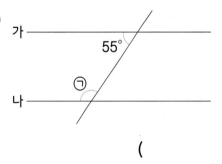

(   )

9

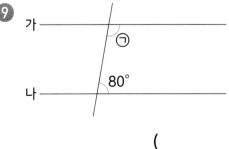

(   )

12

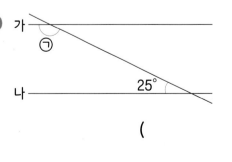

(   )

1 직선 가와 직선 나가 서로 수직인 것에 ○표 하시오.

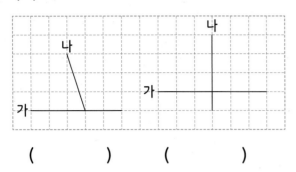

(   )   (   )

2 직선 나와 평행한 직선을 찾아 써 보시오.

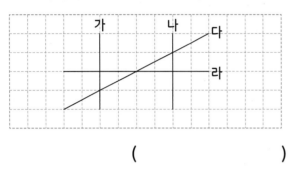

(   )

3 도형에서 평행선 사이의 거리는 몇 cm입니까?

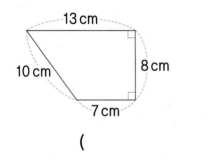

(   )

4 사다리꼴에 ○표 하시오.

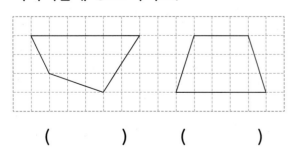

(   )   (   )

5 평행사변형과 마름모를 각각 찾아 모두 써 보시오.

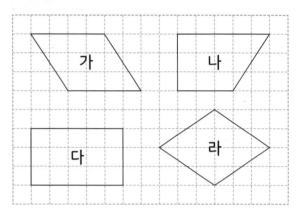

평행사변형 (   )

마름모 (   )

6 도형은 평행사변형입니다. ☐ 안에 알맞은 수를 써넣으시오.

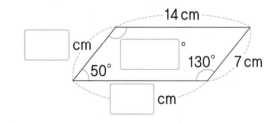

7 도형은 마름모입니다. ☐ 안에 알맞은 수를 써넣으시오.

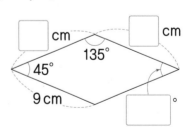

8 사각형에 대한 설명입니다. 옳으면 ○표, 틀리면 ×표 하시오.

사다리꼴은 정사각형입니다.   (   )

○ 사각형의 네 변의 길이의 합은 몇 cm인지 구해 보시오.

9

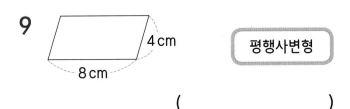

4 cm
8 cm

평행사변형

(   )

10

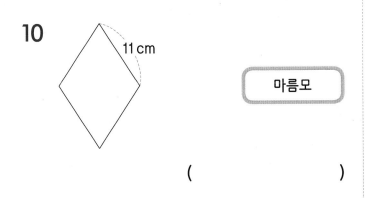

11 cm

마름모

(   )

○ 사각형의 네 변의 길이의 합이 다음과 같을 때, ☐ 안에 알맞은 수를 써넣으시오.

11

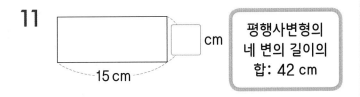

15 cm

☐ cm

평행사변형의 네 변의 길이의 합: 42 cm

12

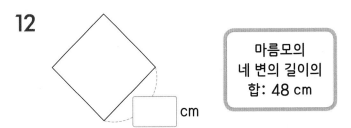

☐ cm

마름모의 네 변의 길이의 합: 48 cm

○ 사각형에서 ㉠의 각도는 몇 도인지 구해 보시오.

13

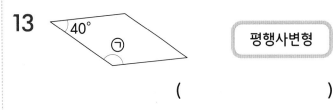

40°
㉠

평행사변형

(   )

14

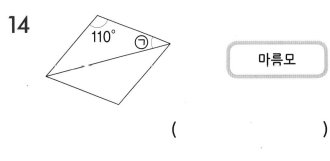

110°
㉠

마름모

(   )

15 직선 가와 직선 나는 서로 수직입니다. ☐ 안에 알맞은 수를 써넣으시오.

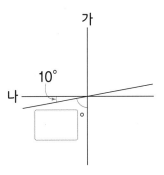

가

나
10°

☐ °

16 직선 가와 직선 나는 서로 평행합니다. ㉠의 각도는 몇 도입니까?

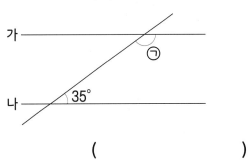

가
㉠
나
35°

(   )

꺾은선그래프

● 맞힌 개수와 걸린 시간을 작성해 보세요.

학습 내용	일 차	맞힌 개수	걸린 시간
④ 꺾은선그래프를 보고 예상하기	4일 차	/4개	/5분
⑤ 판매한 금액 구하기			
⑥ 두 꺾은선그래프 비교하기	5일 차	/6개	/4분
⑦ 두 꺾은선 비교하기			
평가 5. 꺾은선그래프	6일 차	/11개	/15분

1 꺾은선그래프

연속적으로 변화하는 양을
표시한 **점**들을 **선분으로**
이어 그린 **그래프**
→ 꺾은선그래프

- 꺾은선그래프
- **꺾은선그래프**: 연속적으로 변화하는 양을 점으로 표시하고, 그 점들을 선분으로 이어 그린 그래프

토끼의 몸무게

세로 눈금 한 칸: 1 kg

- 꺾은선은 토끼의 몸무게의 변화를 나타냅니다.

참고 꺾은선그래프는 변화하는 모양과 정도를 한눈에 알아보기 쉽습니다.

○ 소혜가 매달 읽은 책의 수를 조사하여 나타낸 그래프입니다. 물음에 답하시오.

읽은 책의 수

① 위와 같은 그래프를 무슨 그래프라고 합니까?

(   )

② 그래프의 가로와 세로는 각각 무엇을 나타냅니까?

가로 (   ), 세로 (   )

③ 세로 눈금 한 칸은 몇 권을 나타냅니까?

(   )

○ 영서의 요일별 턱걸이 횟수를 조사하여 나타낸 막대그래프와 꺾은선그래프입니다. 물음에 답하시오.

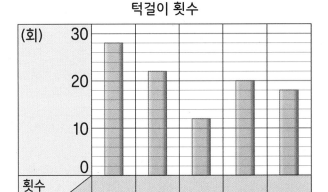
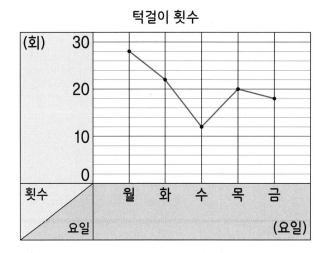

④ 꺾은선그래프의 가로와 세로는 각각 무엇을 나타냅니까?

가로 (   ), 세로 (   )

⑤ 꺾은선그래프에서 세로 눈금 한 칸은 몇 회를 나타냅니까?

(   )

⑥ 꺾은선그래프에서 꺾은선은 무엇을 나타냅니까?

(   )

⑦ 막대그래프와 꺾은선그래프 중에서 턱걸이 횟수의 변화를
한눈에 알아보기 쉬운 그래프는 어느 것입니까?

(   )

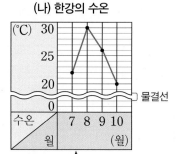

● 꺾은선그래프에서 알 수 있는 내용

점의 위치가 높을수록
→ 자료 값이 커!

선분이 많이 기울어질수록
→ 자료 값의 변화가 심해!

필요 없는 부분인 20 °C 아래를 물결선으로 나타내었습니다.

• 한강의 수온이 가장 높은 때: 8월
• 한강의 수온이 가장 많이 변한 때: 7월과 8월 사이

참고 물결선을 사용하면 필요 없는 부분을 줄여서 나타내기 때문에 변화하는 모습이 잘 나타납니다.

○ 어느 지역의 월별 비가 내린 날수를 조사하여 나타낸 꺾은선그래프입니다. 물음에 답하시오.

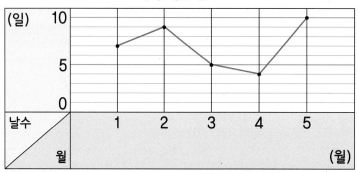

비가 내린 날수

❶ 1월에 비가 내린 날수는 며칠입니까?

( )

❷ 비가 내린 날수가 가장 많은 때는 몇 월입니까?

( )

❸ 전월과 비교하여 비가 내린 날수가 가장 적게 늘어난 때는 몇 월입니까?

( )

○ 6살부터 10살까지 매년 6월에 은우의 몸무게를 조사하여 두 꺾은선그래프로 나타냈습니다.
물음에 답하시오.

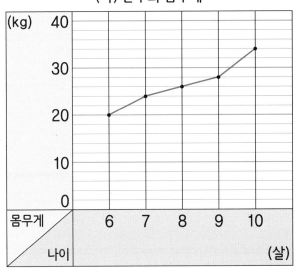

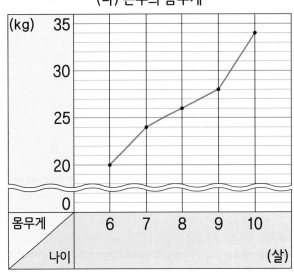

④ 몸무게가 가장 적게 나간 때는 몇 살입니까?

(   )

⑤ 몸무게가 가장 많이 변한 때는 몇 살과 몇 살 사이입니까?

(   )과 (   ) 사이

⑥ 7살에는 6살보다 몸무게가 몇 kg 더 늘었습니까?

(   )

⑦ 9살 12월에 은우의 몸무게는 몇 kg이었습니까?
└─ ● 9살과 10살의 중간점이 가리키는 곳을 나타냅니다.

(   )

⑧ (가)와 (나) 그래프 중에서 변화하는 모습이 더 잘 나타난 그래프는 어느 것입니까?

(   )

③ 꺾은선그래프로 나타내기

① **가로**와 **세로**에 **무엇**을 나타낼지 정해!

② **눈금** 한 칸의 **크기**와 **눈금**의 **수**를 정해!

③ 가로와 세로 눈금이 만나는 자리에 **점**을 찍고,

점들을 **선분**으로 이어!

④ 꺾은선그래프에 알맞은 **제목**을 붙여!

● 꺾은선그래프로 나타내는 방법

월별 불량품 수

월(월)	9	10	11	12
불량품 수(개)	55	52	54	58

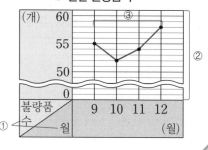

④ 월별 불량품 수

○ 슬기네 학교의 매년 전학생 수를 조사하여 나타낸 표를 보고 꺾은선그래프로 나타내려고 합니다. 물음에 답하시오.

전학생 수

연도(년)	2016	2017	2018	2019	2020
전학생 수(명)	6	12	15	9	3

① 꺾은선그래프의 가로에 연도를 쓴다면 세로에는 무엇을 써야 합니까?

(   )

② 꺾은선그래프로 나타내어 보시오.

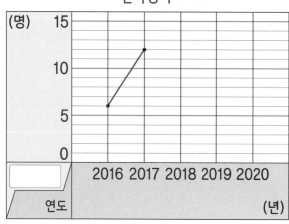

○ 어느 지역의 월별 강수량을 조사하여 나타낸 표를 보고 꺾은선그래프로 나타내려고 합니다. 물음에 답하시오.

월별 강수량

월(월)	2	3	4	5	6
강수량(mm)	32	34	46	36	48

③ 세로 눈금에 물결선은 몇 mm와 몇 mm 사이에 넣어야 합니까?

(   )

④ 꺾은선그래프로 나타내어 보시오.

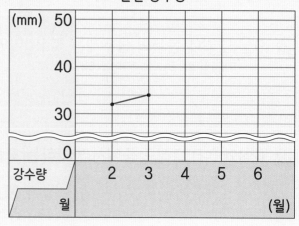

○ 표를 보고 꺾은선그래프로 나타내어 보시오.

⑤ 팔 굽혀 펴기를 한 개수

회(회)	1	2	3	4	5
개수(개)	5	9	8	11	15

팔 굽혀 펴기를 한 개수

(개)
15
10
5
0

개수 ☐   1 2 3 ☐ 5   (회)

⑦ 놀이공원 입장객 수

요일(요일)	수	목	금	토	일
입장객 수(명)	260	220	320	340	400

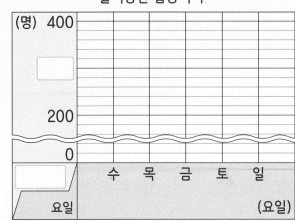

놀이공원 입장객 수

(명) 400
☐
200
0

☐   수 목 금 토 일   (요일)
요일

⑥ 선풍기 생산량

월(월)	5	6	7	8	9
생산량(대)	130	90	110	140	60

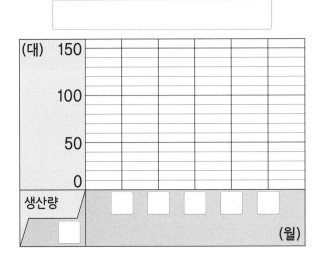

(대) 150
100
50
0

생산량 ☐ ☐ ☐ ☐ ☐   (월)
☐

⑧ 준희의 체온

날짜(일)	21	22	23	24	25
체온(℃)	36.7	37.2	36.9	36.5	37.1

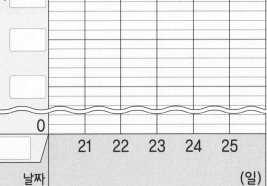

(℃) ☐
☐
☐
0

☐   21 22 23 24 25   (일)
날짜

● 꺾은선그래프를 보고 25일의 해 지는 시각
예상하기

해 지는 시각

5:50
5:40
오후 5:30
0
| 시각 | 5 | 10 | 15 | 20 |
| 날짜 | | | | (일) |

해 지는 시각은 10일과 15일 사이에 4분 빨라졌고,
15일과 20일 사이에 4분 빨라졌습니다.
▷ 25일의 해 지는 시각은 20일보다 4분 빨라진
오후 5시 32분이 될 것입니다.

자료 값이 **얼마씩**
늘어나거나
줄어드는지 알아봐!

❶ 운동장의 기온 변화를 조사하여 나타낸 꺾
은선그래프입니다. 오후 11시의 운동장의
기온은 몇 °C가 될 것이라고 예상합니까?

운동장의 기온

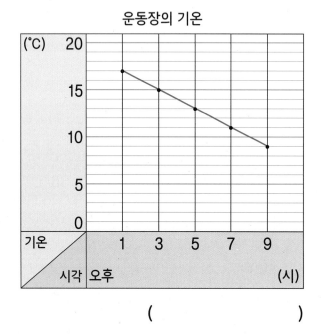

(   )

❷ 매년 6월에 소민이의 키를 재어 나타낸 꺾
은선그래프입니다. 12살의 소민이의 키는
몇 cm가 될 것이라고 예상합니까?

소민이의 키

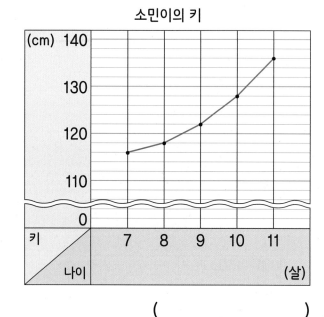

(   )

5 판매한 금액 구하기

(판매한 금액)

=(조사한 **모든 자료 값의 합**)

×**(한 개의 가격)**

● 머리끈 한 개가 200원일 때, 4개월 동안 머리끈을 판매한 금액 구하기

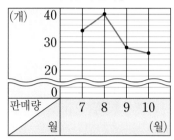

머리끈의 판매량

(4개월 동안 머리끈의 판매량)
＝34＋40＋28＋26＝128(개)
⇨ (4개월 동안 머리끈을 판매한 금액)
＝200×128＝25600(원)

❸ 어느 문구점에서 5일 동안 연필의 판매량을 조사하여 나타낸 꺾은선그래프입니다. 연필 한 자루가 500원일 때, 5일 동안 연필을 판매한 금액은 모두 얼마입니까?

연필의 판매량

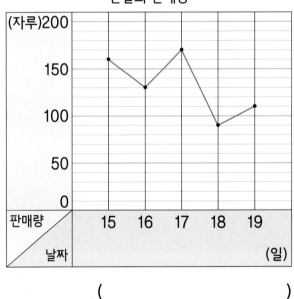

(   )

❹ 어느 마트에서 5개월 동안 인형의 판매량을 조사하여 나타낸 꺾은선그래프입니다. 인형 한 개가 2000원일 때, 5개월 동안 인형을 판매한 금액은 모두 얼마입니까?

인형의 판매량

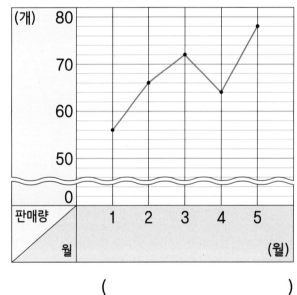

(   )

● 두 회사의 컴퓨터 생산량 비교하기

회사 (가)의 컴퓨터 생산량

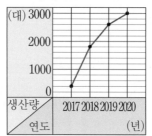

회사 (나)의 컴퓨터 생산량

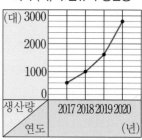

- 생산량이 처음에는 빠르게 오르다가 시간이 지나면서 천천히 오르는 회사는 회사 (가)입니다.
- 생산량이 처음에는 천천히 오르다가 시간이 지나면서 빠르게 오르는 회사는 회사 (나)입니다.

꺾은선그래프에서 꺾은선이
기울어진 정도를
이용하여 비교할 수 있어!

❶ 두 가지 식물의 키의 변화를 조사하여 나타낸 꺾은선그래프입니다. 처음에는 천천히 자라다가 시간이 지나면서 빠르게 자라는 식물은 어느 것입니까?

식물 (가)의 키   식물 (나)의 키

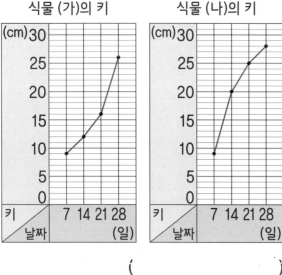

(   )

❷ 불을 붙인 두 양초의 길이를 10분마다 조사하여 나타낸 꺾은선그래프입니다. 처음에는 빠르게 타다가 시간이 지나면서 천천히 타는 양초는 어느 것입니까?

양초 (가)의 길이   양초 (나)의 길이

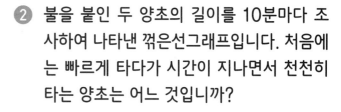

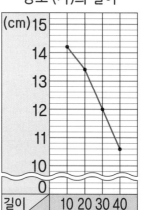

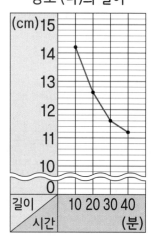

(   )

7 두 꺾은선 비교하기

두 꺾은선이 **만날 때** 자료 값이 **같고,** 두 꺾은선의 세로 눈금의 차가 **가장 클 때** 자료 값의 차가 **가장 커!**

● 교실과 운동장의 시간별 온도 비교하기

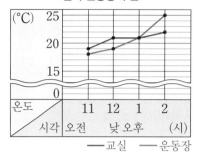

교실과 운동장의 온도

• 교실과 운동장의 온도가 같은 때는 오후 1시입니다.
• 교실과 운동장의 온도의 차가 가장 큰 때는 오후 2시이고, 온도는 $1 \times 3 = 3(℃)$ 차이가 납니다.
  └ ● 오후 2시에 두 꺾은선의 눈금 차이: 3칸

○ 다윤이와 혁주의 요일별 줄넘기 횟수를 조사하여 나타낸 꺾은선그래프입니다. 물음에 답하시오.

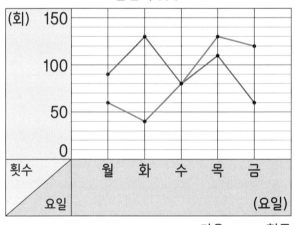

줄넘기 횟수

—다윤 —혁주

○ 어느 가게에서 월별 귤과 사과의 판매량을 조사하여 나타낸 꺾은선그래프입니다. 물음에 답하시오.

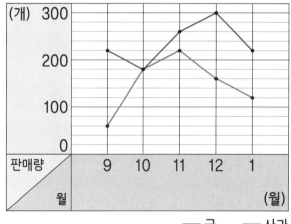

귤과 사과의 판매량

—귤 —사과

3 다윤이와 혁주의 줄넘기 횟수가 같은 때는 언제입니까?

( )

5 귤과 사과의 월별 판매량이 같은 때는 언제입니까?

( )

4 다윤이와 혁주의 줄넘기 횟수의 차가 가장 클 때, 줄넘기 횟수는 몇 회 차이가 납니까?

( )

6 귤과 사과의 판매량의 차가 가장 클 때, 귤과 사과의 판매량은 몇 개 차이가 납니까?

( )

○ 매년 12월에 준하의 키를 재어 나타낸 꺾은선그래프입니다. 물음에 답하시오.

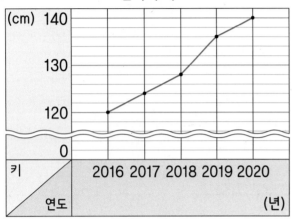

준하의 키

1 꺾은선그래프의 가로와 세로는 각각 무엇을 나타냅니까?

가로 (   )

세로 (   )

2 세로 눈금 한 칸은 몇 cm를 나타냅니까?

(   )

3 준하의 키가 가장 큰 때는 몇 년입니까?

(   )

4 준하의 키가 가장 많이 변한 때는 몇 년과 몇 년 사이입니까?

(   )과 (   ) 사이

5 2020년 6월에 준하의 키는 몇 cm였습니까?

(   )

6 요일별 쓰레기 배출량을 조사하여 나타낸 꺾은선그래프입니다. (가)와 (나) 그래프 중에서 변화하는 모습이 더 잘 나타난 그래프는 어느 것입니까?

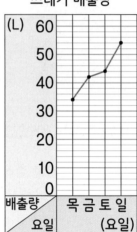

(가) 요일별 쓰레기 배출량

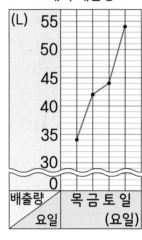

(나) 요일별 쓰레기 배출량

(   )

7 영수의 회별 윗몸 일으키기를 한 개수를 조사하여 나타낸 표를 보고 꺾은선그래프로 나타내어 보시오.

윗몸 일으키기를 한 개수

회(회)	1	2	3	4	5
개수(개)	36	26	34	30	38

윗몸 일으키기를 한 개수

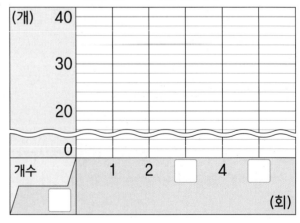

8 어느 회사의 자전거 생산량을 조사하여 나타낸 꺾은선그래프입니다. 2021년의 자전거 생산량은 몇 대가 될 것이라고 예상합니까?

자전거 생산량

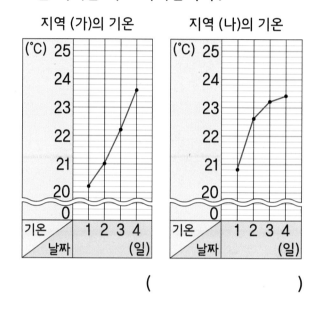

(   )

9 어느 수영장에서 5일 동안 입장권 판매량을 조사하여 나타낸 꺾은선그래프입니다. 입장권 한 장이 1000원일 때, 5일 동안 수영장 입장권을 판매한 금액은 모두 얼마입니까?

수영장 입장권 판매량

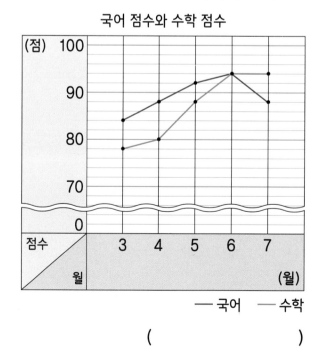

(   )

10 두 지역의 기온 변화를 조사하여 나타낸 꺾은선그래프입니다. 기온이 처음에는 천천히 오르다가 시간이 지나면서 빠르게 오르는 지역은 어느 지역입니까?

지역 (가)의 기온   지역 (나)의 기온

(   )

11 솔비의 월별 국어 점수와 수학 점수를 조사하여 나타낸 꺾은선그래프입니다. 국어 점수와 수학 점수의 차가 가장 클 때, 국어 점수와 수학 점수는 몇 점 차이가 납니까?

국어 점수와 수학 점수

— 국어   — 수학

(   )

다각형

◆ 맞힌 개수와 걸린 시간을 작성해 보세요.

다각형

선분으로만 둘러싸인 도형 → 다각형

○ 다각형을 모두 찾아 ◯표 하시오.

①

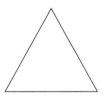 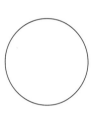 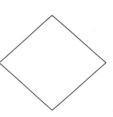 

(   )   (   )   (   )   (   )

②

 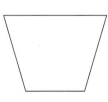 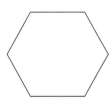 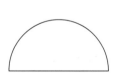

(   )   (   )   (   )   (   )

③

  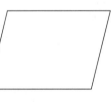 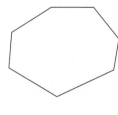

(   )   (   )   (   )   (   )

② 다각형의 이름

● 다각형의 이름

다각형은 변의 수에 따라 도형의 이름이 정해집니다.

다각형				
변의 수(개)	4	5	6	7
다각형의 이름	사각형	오각형	육각형	칠각형

변이 ■개인 **다각형**
→ ■**각형**

○ 다각형의 이름을 써 보시오.

❹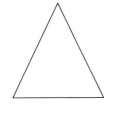

(   )

❼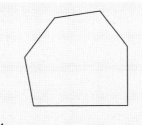

(   )

❿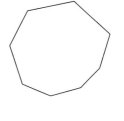

(   )

❺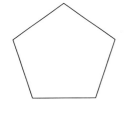

(   )

❽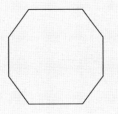

(   )

⓫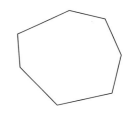

(   )

❻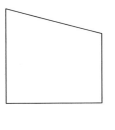

(   )

❾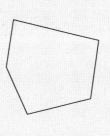

(   )

⓬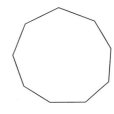

(   )

3 정다각형

변의 길이가 모두 **같고,**
각의 크기가 모두 **같은 다각형**
→ **정다각형**

● 정다각형

정다각형: 변의 길이가 모두 같고,
각의 크기가 모두 같은 다각형

○ 정다각형을 모두 찾아 ◯표 하시오.

❶
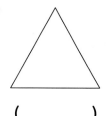

(   )   (   )   (   )   (   )

❷
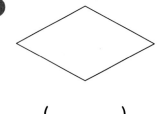 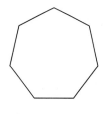 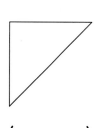 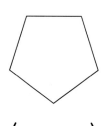

(   )   (   )   (   )   (   )

❸
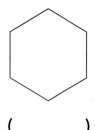   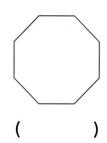 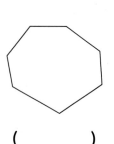

(   )   (   )   (   )   (   )

4 정다각형의 이름

길이가 **같은 변**이 ■ **개**인
정다각형
→ **정** ■ **각형**

● 정다각형의 이름
정다각형은 길이가 같은 변의 수에 따라 도형의 이름이
정해집니다.

정다각형	△	□	⬠	⬡
변의 수(개)	3	4	5	6
정다각형의 이름	정삼각형	정사각형	정오각형	정육각형

○ 정다각형의 이름을 써 보시오.

❹

(   )

❼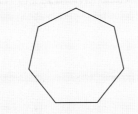

(   )

❿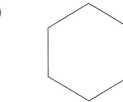

(   )

❺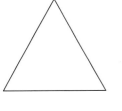

(   )

❽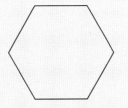

(   )

⓫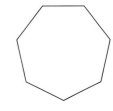

(   )

❻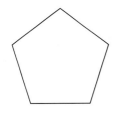

(   )

❾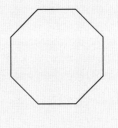

(   )

⓬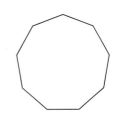

(   )

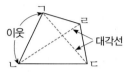

참고 삼각형은 모든 꼭짓점이 서로 이웃하므로 대각선을 그을 수 없습니다.

⇨ 대각선의 수: 0개

다각형에서
서로 **이웃하지 않는**
두 **꼭짓점**을 **이은 선분**
→ **대각선**

◎ 다각형에 대각선을 그어 보고, 몇 개인지 써 보시오.

❶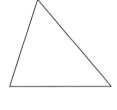

( )

❹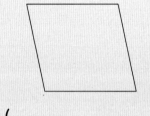

( )

❼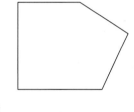

( )

❷

( )

❺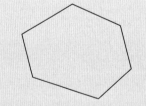

( )

❽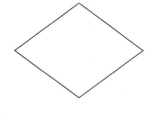

( )

❸

( )

❻

( )

❾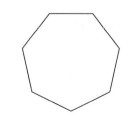

( )

6 사각형에서 대각선의 성질

대각선의 성질		사각형
한 대각선이 다른 대각선을 똑같이 둘로 나누는 사각형	⇨	평행사변형, 마름모, 직사각형, 정사각형
두 대각선의 길이가 같은 사각형	⇨	직사각형, 정사각형
두 대각선이 서로 수직으로 만나는 사각형	⇨	마름모, 정사각형

● 사각형에서 대각선의 성질

· 한 대각선이 다른 대각선을 똑같이 둘로 나눕니다.

평행사변형 　마름모　 직사각형 정사각형

· 두 대각선의 길이가 같습니다.

직사각형 정사각형

· 두 대각선이 서로 수직으로 만납니다.

마름모 정사각형

○ 사각형을 보고, 알맞은 도형을 모두 찾아 써 보시오.

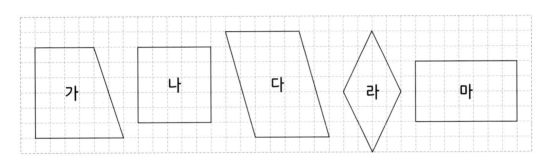

⑩ 한 대각선이 다른 대각선을 똑같이 둘로 나누는 사각형

(　　　　　　　　　　)

⑪ 두 대각선의 길이가 같은 사각형

(　　　　　　　　　　)

⑫ 두 대각선이 서로 수직으로 만나는 사각형

(　　　　　　　　　　)

(정다각형의 모든 변의 길이의 합)
=(**한 변의 길이**)
×(**변의 수**)

- 한 변의 길이가 **3 cm**인 정사각형의 모든 변의 길이의 합 구하기

3 cm

(정사각형의 모든 변의 길이의 합)
=(한 변의 길이)×(변의 수)
=3×4=12(cm)

○ 정다각형의 ☐ 안에 알맞은 수를 써넣고, 정다각형의 모든 변의 길이의 합은 몇 cm인지 구해 보시오.

정다각형	정다각형의 모든 변의 길이의 합
❶ 4 cm ☐ cm	식 : 답 :
❷ 6 cm ☐ cm	식 : 답 :
❸ ☐ cm 8 cm	식 : 답 :
❹ ☐ cm 9 cm	식 : 답 :

8 정다각형의 한 변의 길이 구하기

(정다각형의 한 변의 길이)
= **(모든 변의 길이의 합)**
÷ (변의 수)

● 모든 변의 길이의 합이 16 cm인 정사각형의
한 변의 길이 구하기

(정사각형의 한 변의 길이)
＝(모든 변의 길이의 합)÷(변의 수)
＝16÷4＝4(cm)

○ 정다각형의 모든 변의 길이의 합이 다음과 같을 때, 정다각형의 한 변의 길이는 몇 cm인지 구해 보시오.

정다각형	정다각형의 한 변의 길이
❺ [오각형] 25 cm	식 : 답 :
❻ [육각형] 42 cm	식 : 답 :
❼ [칠각형] 63 cm	식 : 답 :
❽ [팔각형] 80 cm	식 : 답 :

(정다각형의 모든 각의 크기의 합)

=(한 각의 크기)

×(각의 수)

● 한 각의 크기가 90°인 정사각형의 모든 각의 크기의 합 구하기

(정사각형의 모든 각의 크기의 합)
=(한 각의 크기)×(각의 수)
=90°×4=360°

○ 정다각형의 ☐ 안에 알맞은 수를 써넣고, 정다각형의 모든 각의 크기의 합은 몇 도인지 구해 보시오.

정다각형	정다각형의 모든 각의 크기의 합
❶ 108° ☐°	식 : _____ 답 : _____
❷ ☐° 120°	식 : _____ 답 : _____
❸ 135° ☐°	식 : _____ 답 : _____
❹ ☐° 140°	식 : _____ 답 : _____

⑩ 정다각형의 한 각의 크기 구하기

(정다각형의 한 각의 크기)

=(모든 각의 크기의 합)

÷(각의 수)

● 모든 각의 크기의 합이 360°인 정사각형의
한 각의 크기 구하기

(정사각형의 한 각의 크기)
=(모든 각의 크기의 합)÷(각의 수)
=360°÷4=90°

○ 정다각형의 모든 각의 크기의 합이 다음과 같을 때, 정다각형의 한 각의 크기는 몇 도인지 구해 보시오.

정다각형	정다각형의 한 각의 크기
❺ 540°	식 : _____ 답 : _____
❻ 720°	식 : _____ 답 : _____
❼ 1080°	식 : _____ 답 : _____
❽ 1260°	식 : _____ 답 : _____

평행사변형, 마름모, 직사각형, 정사각형에서
대각선을 이용한 길이 사이의 관계

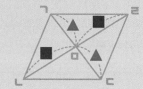

➡ (선분 ㄴㄹ)=(선분 ㄴㅁ)×2

(선분 ㄱㅁ)=(선분 ㄱㄷ)÷2

● 평행사변형에서 선분 ㄴㄹ과 선분 ㄱㅁ의
길이 구하기

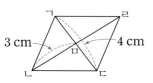

3 cm   4 cm

평행사변형에서 한 대각선은 다른 대각선을
똑같이 둘로 나눕니다.
⇨ (선분 ㄴㄹ)=3×2=6(cm)
　　(선분 ㄱㅁ)=4÷2=2(cm)

○ 사각형에서 대각선을 이용하여 길이를 구하려고 합니다. ☐ 안에 알맞은 수를 써넣으시오.

❶
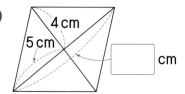
4 cm
5 cm
☐ cm
평행사변형

❹
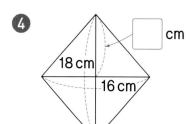
☐ cm
18 cm
16 cm
마름모

❷
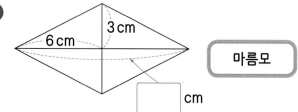
3 cm
6 cm
☐ cm
마름모

❺
20 cm
20 cm
☐ cm
정사각형

❸
7 cm
7 cm
☐ cm
직사각형

❻
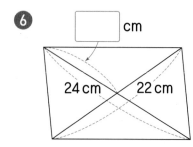
☐ cm
24 cm   22 cm
평행사변형

12 다각형의 모든 각의 크기의 합 구하기

● 오각형의 모든 각의 크기의 합 구하기

오각형은 삼각형 3개로 나눌 수 있습니다.

⇨ (오각형의 모든 각의 크기의 합)
$$= 180° × 3 = 540°$$
└● 삼각형의 세 각의 크기의 합은 180°입니다.

○ 다각형의 모든 각의 크기의 합은 몇 도인지 구해 보시오.

❼
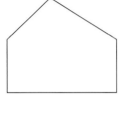

(   )

❿
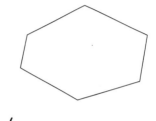

(   )

❽
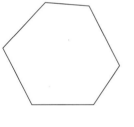

(   )

⓫
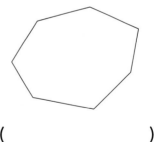

(   )

❾
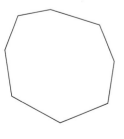

(   )

⓬
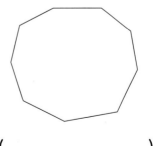

(   )

1 다각형을 모두 찾아 ◯표 하시오.

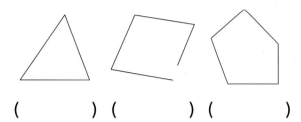

(   ) (   ) (   )

2 다각형의 이름을 써 보시오.

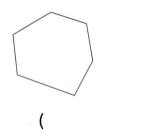

(   )

3 정다각형을 모두 찾아 ◯표 하시오.

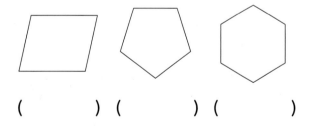

(   ) (   ) (   )

4 정다각형의 이름을 써 보시오.

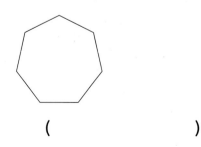

(   )

○ 다각형에 대각선을 그어 보고, 몇 개인지 써 보시오.

5

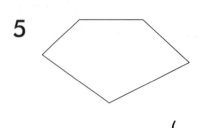

(   )

6

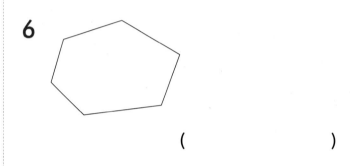

(   )

○ 사각형을 보고, 알맞은 도형을 모두 찾아 써 보시오.

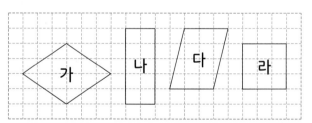

7

> 한 대각선이 다른 대각선을
> 똑같이 둘로 나누는 사각형

(   )

8

> 두 대각선이 서로 수직으로
> 만나는 사각형

(   )

9 정오각형의 ☐ 안에 알맞은 수를 써넣고, 모든 변의 길이의 합은 몇 cm인지 구해 보시오.

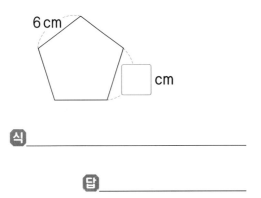

식 _____

답 _____

10 정팔각형의 모든 변의 길이의 합이 72 cm 일 때, 한 변의 길이는 몇 cm입니까?

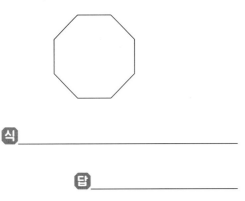

식 _____

답 _____

11 정육각형의 ☐ 안에 알맞은 수를 써넣고, 모든 각의 크기의 합은 몇 도인지 구해 보시오.

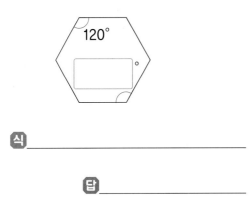

식 _____

답 _____

12 정구각형의 모든 각의 크기의 합이 1260° 일 때, 한 각의 크기는 몇 도입니까?

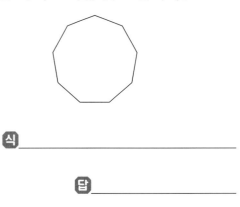

식 _____

답 _____

13 마름모의 ☐ 안에 알맞은 수를 써넣으시오.

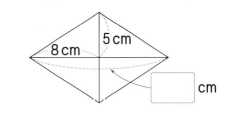

14 칠각형의 모든 각의 크기의 합은 몇 도입니까?

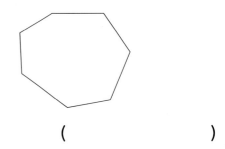

(   )

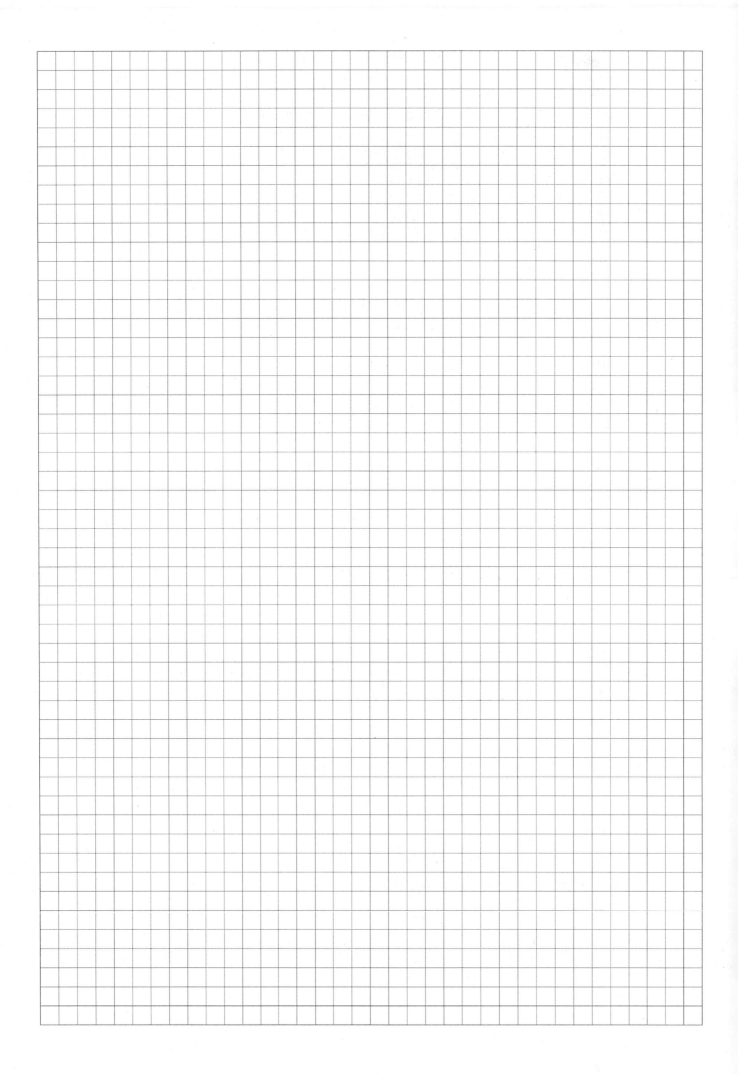

개념 ✛ 연산 파워

정답과 풀이

초등수학
4·2

1. 분수의 덧셈과 뺄셈

① 합이 1보다 작고 분모가 같은 (진분수) + (진분수)

8쪽

❶ $\dfrac{2}{4}$

❷ $\dfrac{4}{5}$

❸ $\dfrac{5}{6}$

❹ $\dfrac{5}{7}$

❺ $\dfrac{6}{8}$

❻ $\dfrac{5}{9}$

❼ $\dfrac{9}{10}$

❽ $\dfrac{7}{10}$

❾ $\dfrac{7}{11}$

❿ $\dfrac{11}{12}$

⓫ $\dfrac{10}{13}$

⓬ $\dfrac{8}{14}$

⓭ $\dfrac{14}{15}$

⓮ $\dfrac{12}{16}$

⓯ $\dfrac{15}{17}$

9쪽

⓰ $\dfrac{12}{18}$

⓱ $\dfrac{13}{19}$

⓲ $\dfrac{13}{21}$

⓳ $\dfrac{13}{22}$

⓴ $\dfrac{12}{23}$

㉑ $\dfrac{18}{24}$

㉒ $\dfrac{21}{25}$

㉓ $\dfrac{17}{25}$

㉔ $\dfrac{18}{27}$

㉕ $\dfrac{16}{28}$

㉖ $\dfrac{17}{30}$

㉗ $\dfrac{16}{31}$

㉘ $\dfrac{31}{32}$

㉙ $\dfrac{23}{33}$

㉚ $\dfrac{23}{36}$

㉛ $\dfrac{22}{38}$

㉜ $\dfrac{36}{39}$

㉝ $\dfrac{35}{41}$

㉞ $\dfrac{24}{45}$

㉟ $\dfrac{23}{47}$

㊱ $\dfrac{33}{50}$

② 합이 1보다 크고 분모가 같은 (진분수) + (진분수)

10쪽 ❗ 계산 결과를 대분수로 나타내지 않아도 정답으로 인정합니다.

❶ $1\dfrac{2}{4}$

❷ $1\dfrac{1}{5}$

❸ $1\dfrac{1}{6}$

❹ $1\dfrac{2}{7}$

❺ $1\dfrac{3}{8}$

❻ $1\dfrac{4}{9}$

❼ $1\dfrac{3}{10}$

❽ $1\dfrac{3}{11}$

❾ $1\dfrac{4}{12}$

❿ $1\dfrac{1}{13}$

⓫ $1\dfrac{3}{14}$

⓬ 1

⓭ $1\dfrac{2}{15}$

⓮ $1\dfrac{2}{16}$

⓯ $1\dfrac{4}{17}$

11쪽

⓰ $1\dfrac{2}{19}$

⓱ $1\dfrac{11}{19}$

⓲ $1\dfrac{3}{21}$

⓳ $1\dfrac{5}{22}$

⓴ $1\dfrac{4}{23}$

㉑ $1\dfrac{1}{24}$

㉒ $1\dfrac{2}{25}$

㉓ $1\dfrac{2}{26}$

㉔ $1\dfrac{2}{27}$

㉕ $1\dfrac{5}{27}$

㉖ $1\dfrac{3}{28}$

㉗ 1

㉘ $1\dfrac{2}{30}$

㉙ $1\dfrac{2}{31}$

㉚ 1

㉛ $1\dfrac{5}{35}$

㉜ $1\dfrac{3}{37}$

㉝ $1\dfrac{10}{39}$

㉞ $1\dfrac{13}{41}$

㉟ $1\dfrac{10}{45}$

㊱ $1\dfrac{1}{49}$

③ 진분수 부분의 합이 1보다 작고 분모가 같은 (대분수) + (대분수)

3일차

12쪽 ❶ 계산 결과를 대분수로 나타내지 않아도 정답으로 인정합니다.

❶ $3\frac{2}{3}$ ❻ $4\frac{7}{8}$ ⑪ $3\frac{12}{13}$

❷ $2\frac{3}{4}$ ❼ $5\frac{8}{9}$ ⑫ $6\frac{13}{14}$

❸ $3\frac{4}{5}$ ❽ $9\frac{8}{11}$ ⑬ $9\frac{12}{15}$

❹ $4\frac{5}{6}$ ❾ $8\frac{10}{11}$ ⑭ $7\frac{15}{16}$

❺ $4\frac{5}{7}$ ❿ $8\frac{11}{12}$ ⑮ $12\frac{15}{17}$

13쪽

⑯ $5\frac{14}{19}$ ㉓ $2\frac{15}{25}$ ㉚ $10\frac{13}{31}$

⑰ $5\frac{15}{20}$ ㉔ $6\frac{19}{26}$ ㉛ $15\frac{16}{33}$

⑱ $7\frac{14}{21}$ ㉕ $6\frac{11}{27}$ ㉜ $11\frac{17}{34}$

⑲ $7\frac{13}{21}$ ㉖ $8\frac{15}{28}$ ㉝ $10\frac{29}{35}$

⑳ $6\frac{11}{22}$ ㉗ $7\frac{18}{29}$ ㉞ $9\frac{28}{37}$

㉑ $9\frac{15}{23}$ ㉘ $6\frac{12}{29}$ ㉟ $15\frac{36}{39}$

㉒ $4\frac{15}{24}$ ㉙ $9\frac{24}{30}$ ㊱ $11\frac{37}{43}$

④ 진분수 부분의 합이 1보다 크고 분모가 같은 (대분수) + (대분수)

4일차

14쪽 ❶ 계산 결과를 대분수로 나타내지 않아도 정답으로 인정합니다.

❶ $4\frac{1}{3}$ ❻ $5\frac{1}{9}$ ⑪ $5\frac{7}{13}$

❷ $3\frac{1}{4}$ ❼ $6\frac{3}{9}$ ⑫ $9\frac{4}{14}$

❸ $5\frac{2}{6}$ ❽ $7\frac{5}{10}$ ⑬ $7\frac{1}{15}$

❹ $5\frac{2}{7}$ ❾ $8\frac{1}{11}$ ⑭ $11\frac{5}{16}$

❺ $6\frac{5}{8}$ ❿ $8\frac{3}{12}$ ⑮ $11\frac{1}{17}$

15쪽

⑯ $10\frac{3}{17}$ ㉓ $6\frac{3}{24}$ ㉚ $8\frac{2}{32}$

⑰ $3\frac{10}{18}$ ㉔ $10\frac{3}{25}$ ㉛ $15\frac{5}{33}$

⑱ $8\frac{2}{19}$ ㉕ $13\frac{4}{26}$ ㉜ $12\frac{4}{36}$

⑲ $7\frac{6}{21}$ ㉖ $10\frac{5}{27}$ ㉝ $12\frac{19}{38}$

⑳ $9\frac{7}{22}$ ㉗ $11\frac{7}{28}$ ㉞ $14\frac{8}{39}$

㉑ $6\frac{1}{23}$ ㉘ $12\frac{8}{30}$ ㉟ $10\frac{1}{40}$

㉒ $9\frac{8}{23}$ ㉙ $10\frac{4}{31}$ ㊱ $9\frac{9}{42}$

⑤ 분모가 같은 (대분수) + (가분수)

5일차

16쪽 ❶ 계산 결과를 대분수로 나타내지 않아도 정답으로 인정합니다.

❶ $3\frac{2}{3}$ ❻ $3\frac{5}{7}$ ⑪ $6\frac{3}{10}$

❷ $2\frac{3}{4}$ ❼ $4\frac{1}{7}$ ⑫ $5\frac{3}{11}$

❸ $3\frac{3}{5}$ ❽ $7\frac{7}{8}$ ⑬ $7\frac{7}{11}$

❹ $6\frac{1}{5}$ ❾ $6\frac{7}{9}$ ⑭ $4\frac{11}{12}$

❺ $4\frac{4}{6}$ ❿ $5\frac{1}{10}$ ⑮ $2\frac{11}{13}$

17쪽

⑯ $5\frac{1}{13}$ ㉓ $5\frac{3}{17}$ ㉚ $4\frac{10}{21}$

⑰ $3\frac{5}{14}$ ㉔ $5\frac{14}{17}$ ㉛ $5\frac{6}{22}$

⑱ $4\frac{12}{14}$ ㉕ $6\frac{16}{18}$ ㉜ $6\frac{15}{23}$

⑲ $3\frac{12}{15}$ ㉖ $3\frac{17}{19}$ ㉝ $9\frac{3}{25}$

⑳ $8\frac{1}{15}$ ㉗ $7\frac{3}{19}$ ㉞ $3\frac{8}{26}$

㉑ $3\frac{15}{16}$ ㉘ $5\frac{8}{20}$ ㉟ $5\frac{20}{29}$

㉒ $7\frac{3}{16}$ ㉙ $6\frac{17}{20}$ ㊱ $9\frac{1}{31}$

⑥ 그림에서 두 분수의 덧셈하기

18쪽 ⚠ 계산 결과를 대분수로 나타내지 않아도 정답으로 인정합니다.

❶ $\dfrac{4}{7}$ / $1\dfrac{3}{8}$

❷ $\dfrac{11}{12}$ / $1\dfrac{2}{17}$

❸ $\dfrac{19}{26}$ / $2\dfrac{10}{15}$

❹ $3\dfrac{16}{23}$ / $4\dfrac{4}{11}$

❺ $5\dfrac{4}{29}$ / $4\dfrac{11}{14}$

❻ $8\dfrac{6}{32}$ / $4\dfrac{25}{28}$

⑦ 두 분수의 합 구하기

19쪽

❼ $\dfrac{7}{10}$

❽ $1\dfrac{2}{9}$

❾ $1\dfrac{1}{18}$

❿ $5\dfrac{4}{6}$

⓫ $5\dfrac{14}{24}$

⓬ $4\dfrac{2}{13}$

⓭ $5\dfrac{2}{5}$

⓮ $5\dfrac{20}{21}$

⑧ 합이 가장 큰 덧셈식 만들기

20쪽 ⚠ 계산 결과를 대분수로 나타내지 않아도 정답으로 인정합니다.

❶ $1\dfrac{5}{6}+1\dfrac{4}{6}=3\dfrac{3}{6}$

❷ $1\dfrac{7}{9}+2\dfrac{5}{9}=4\dfrac{3}{9}$

❸ $2\dfrac{2}{12}+2\dfrac{8}{12}=4\dfrac{10}{12}$

❹ $1\dfrac{4}{5}+\dfrac{7}{5}=3\dfrac{1}{5}$

❺ $2\dfrac{4}{14}+1\dfrac{5}{14}=3\dfrac{9}{14}$

❻ $\dfrac{41}{17}+3\dfrac{8}{17}=5\dfrac{15}{17}$

⑨ 자연수를 두 대분수의 합으로 나타내기

21쪽

❼ $2\dfrac{3}{7}$, $1\dfrac{4}{7}$ / $1\dfrac{1}{7}$, $2\dfrac{6}{7}$

❽ $2\dfrac{2}{8}$, $2\dfrac{6}{8}$ / $3\dfrac{5}{8}$, $1\dfrac{3}{8}$

❾ $2\dfrac{8}{10}$, $3\dfrac{2}{10}$ / $3\dfrac{7}{10}$, $2\dfrac{3}{10}$

❿ $3\dfrac{9}{11}$, $4\dfrac{2}{11}$ / $6\dfrac{4}{11}$, $1\dfrac{7}{11}$

⓫ $6\dfrac{4}{13}$, $2\dfrac{9}{13}$ / $2\dfrac{10}{13}$, $6\dfrac{3}{13}$

⓬ $4\dfrac{4}{16}$, $5\dfrac{12}{16}$ / $4\dfrac{10}{16}$, $5\dfrac{6}{16}$

⑩ 덧셈 문장제(1)

22쪽 ⚠ 계산 결과를 대분수로 나타내지 않아도 정답으로 인정합니다.

❶ $\dfrac{3}{8}$, $\dfrac{4}{8}$, $\dfrac{7}{8}$ / $\dfrac{7}{8}$ L

❷ $\dfrac{6}{10}$, $\dfrac{9}{10}$, $1\dfrac{5}{10}$ / $1\dfrac{5}{10}$ km

23쪽

❸ $1\dfrac{8}{12}+2\dfrac{3}{12}=3\dfrac{11}{12}$ / $3\dfrac{11}{12}$ 컵

❹ $3\dfrac{10}{15}+2\dfrac{7}{15}=6\dfrac{2}{15}$ / $6\dfrac{2}{15}$ L

❺ $4\dfrac{11}{16}+\dfrac{35}{16}=6\dfrac{14}{16}$ / $6\dfrac{14}{16}$ m

❸ (세형이가 사용한 밀가루의 양)
　=(쿠키를 만든 밀가루의 양)+(빵을 만든 밀가루의 양)
　=$1\dfrac{8}{12}+2\dfrac{3}{12}=3\dfrac{11}{12}$(컵)

❹ (민호네 모둠이 마신 물의 양)
　=(희주네 모둠이 마신 물의 양)+(민호네 모둠이 더 마신 물의 양)
　=$3\dfrac{10}{15}+2\dfrac{7}{15}=6\dfrac{2}{15}$(L)

❺ (이은 색 테이프의 길이)
　=(파란색 테이프의 길이)+(초록색 테이프의 길이)
　=$4\dfrac{11}{16}+\dfrac{35}{16}=6\dfrac{14}{16}$(m)

⑪ 덧셈 문장제(2)

24쪽 ❶ 계산 결과를 대분수로 나타내지 않아도 정답으로 인정합니다.

❶ $\dfrac{2}{8}$, $\dfrac{3}{8}$, $\dfrac{7}{8}$, $1\dfrac{4}{8}$ / $1\dfrac{4}{8}$ L

❷ $2\dfrac{2}{9}$, $1\dfrac{8}{9}$, $1\dfrac{6}{9}$, $5\dfrac{7}{9}$ / $5\dfrac{7}{9}$ 시간

25쪽

❸ $\dfrac{8}{11}+\dfrac{3}{11}+\dfrac{5}{11}=1\dfrac{5}{11}$ / $1\dfrac{5}{11}$ kg

❹ $1\dfrac{2}{14}+1\dfrac{7}{14}+2\dfrac{1}{14}=4\dfrac{10}{14}$ / $4\dfrac{10}{14}$ km

❺ $\dfrac{8}{17}+\dfrac{10}{17}+\dfrac{4}{17}=1\dfrac{5}{17}$ / $1\dfrac{5}{17}$ kg

❸ (인형과 장난감이 든 바구니의 무게)
= (빈 바구니의 무게) + (인형의 무게) + (장난감의 무게)
= $\dfrac{8}{11}+\dfrac{3}{11}+\dfrac{5}{11}=1\dfrac{5}{11}$ (kg)

❹ (지호네 집에서 도서관까지 가는 거리)
= (집에서 병원까지의 거리) + (병원에서 학교까지의 거리)
   + (학교에서 도서관까지의 거리)
= $1\dfrac{2}{14}+1\dfrac{7}{14}+2\dfrac{1}{14}=4\dfrac{10}{14}$ (km)

❺ (처음에 가지고 있던 호박의 양)
= (주스를 만든 호박의 양) + (빵을 만든 호박의 양)
   + (남은 호박의 양)
= $\dfrac{8}{17}+\dfrac{10}{17}+\dfrac{4}{17}=1\dfrac{5}{17}$ (kg)

⑫ 분모가 같은 (진분수) - (진분수)

26쪽

❶ $\dfrac{2}{4}$
❷ $\dfrac{1}{5}$
❸ $\dfrac{1}{6}$
❹ $\dfrac{3}{7}$
❺ $\dfrac{4}{8}$

❻ $\dfrac{4}{9}$
❼ $\dfrac{3}{9}$
❽ $\dfrac{1}{10}$
❾ $\dfrac{2}{11}$
❿ $\dfrac{5}{12}$

⓫ $\dfrac{3}{13}$
⓬ $\dfrac{5}{14}$
⓭ $\dfrac{4}{15}$
⓮ $\dfrac{3}{16}$
⓯ $\dfrac{13}{17}$

27쪽

⓰ $\dfrac{5}{19}$
⓱ $\dfrac{8}{20}$
⓲ $\dfrac{7}{21}$
⓳ $\dfrac{6}{22}$
⓴ $\dfrac{4}{23}$
㉑ $\dfrac{3}{23}$
㉒ $\dfrac{2}{24}$

㉓ $\dfrac{12}{25}$
㉔ $\dfrac{5}{26}$
㉕ $\dfrac{2}{27}$
㉖ $\dfrac{8}{28}$
㉗ $\dfrac{13}{29}$
㉘ $\dfrac{8}{30}$
㉙ $\dfrac{13}{31}$

㉚ $\dfrac{11}{32}$
㉛ $\dfrac{2}{33}$
㉜ $\dfrac{8}{35}$
㉝ $\dfrac{7}{36}$
㉞ $\dfrac{4}{37}$
㉟ $\dfrac{7}{39}$
㊱ $\dfrac{19}{43}$

⑬ 분수 부분끼리 뺄 수 있고 분모가 같은 (대분수) − (대분수)

28쪽 ❶ 계산 결과를 대분수로 나타내지 않아도 정답으로 인정합니다. **29쪽**

① $2\frac{1}{3}$　　⑥ $2\frac{3}{8}$　　⑪ $1\frac{3}{13}$　　⑯ $2\frac{5}{17}$　　㉓ $3\frac{14}{26}$　　㉚ $\frac{3}{33}$

② $1\frac{1}{4}$　　⑦ $3\frac{1}{9}$　　⑫ $4\frac{7}{13}$　　⑰ $5\frac{4}{19}$　　㉔ $2\frac{6}{27}$　　㉛ $4\frac{7}{34}$

③ $3\frac{3}{5}$　　⑧ $2\frac{4}{10}$　　⑬ $\frac{4}{14}$　　⑱ $2\frac{7}{21}$　　㉕ $1\frac{8}{28}$　　㉜ $2\frac{10}{35}$

④ $1\frac{2}{6}$　　⑨ $1\frac{3}{11}$　　⑭ $3\frac{2}{15}$　　⑲ $1\frac{12}{22}$　　㉖ $6\frac{8}{29}$　　㉝ $3\frac{15}{37}$

⑤ $2\frac{2}{7}$　　⑩ $4\frac{6}{12}$　　⑮ $5\frac{9}{16}$　　⑳ $5\frac{10}{23}$　　㉗ $4\frac{14}{29}$　　㉞ $3\frac{15}{40}$

㉑ $1\frac{7}{24}$　　㉘ $4\frac{21}{30}$　　㉟ $2\frac{12}{42}$

㉒ $3\frac{6}{25}$　　㉙ $1\frac{4}{31}$　　㊱ $3\frac{9}{45}$

⑭ 1 − (진분수)

30쪽 **31쪽**

① $\frac{2}{3}$　　⑥ $\frac{3}{8}$　　⑪ $\frac{6}{13}$　　⑯ $\frac{8}{18}$　　㉓ $\frac{18}{25}$　　㉚ $\frac{12}{33}$

② $\frac{2}{4}$　　⑦ $\frac{5}{9}$　　⑫ $\frac{13}{14}$　　⑰ $\frac{5}{19}$　　㉔ $\frac{14}{26}$　　㉛ $\frac{26}{35}$

③ $\frac{1}{5}$　　⑧ $\frac{2}{10}$　　⑬ $\frac{10}{15}$　　⑱ $\frac{14}{20}$　　㉕ $\frac{23}{27}$　　㉜ $\frac{23}{36}$

④ $\frac{3}{6}$　　⑨ $\frac{5}{11}$　　⑭ $\frac{5}{16}$　　⑲ $\frac{18}{21}$　　㉖ $\frac{11}{27}$　　㉝ $\frac{4}{38}$

⑤ $\frac{6}{7}$　　⑩ $\frac{3}{12}$　　⑮ $\frac{4}{17}$　　⑳ $\frac{5}{22}$　　㉗ $\frac{5}{28}$　　㉞ $\frac{15}{40}$

㉑ $\frac{4}{23}$　　㉘ $\frac{21}{29}$　　㉟ $\frac{11}{41}$

㉒ $\frac{9}{24}$　　㉙ $\frac{20}{31}$　　㊱ $\frac{3}{45}$

⑮ (자연수) − (분수)

32쪽 ❶ 계산 결과를 대분수로 나타내지 않아도 정답으로 인정합니다. **33쪽**

① $1\frac{1}{3}$　　⑥ $3\frac{5}{12}$　　⑪ $4\frac{6}{25}$　　⑯ $1\frac{5}{6}$　　㉓ $1\frac{13}{18}$　　㉚ $4\frac{23}{30}$

② $2\frac{4}{5}$　　⑦ $5\frac{14}{17}$　　⑫ $6\frac{4}{26}$　　⑰ $1\frac{5}{8}$　　㉔ $1\frac{3}{19}$　　㉛ $1\frac{3}{31}$

③ $4\frac{3}{7}$　　⑧ $8\frac{7}{18}$　　⑬ $10\frac{22}{29}$　　⑱ $\frac{3}{10}$　　㉕ $2\frac{2}{20}$　　㉜ $2\frac{22}{33}$

④ $3\frac{4}{9}$　　⑨ $4\frac{15}{21}$　　⑭ $15\frac{3}{34}$　　⑲ $\frac{6}{12}$　　㉖ $2\frac{19}{22}$　　㉝ $3\frac{11}{35}$

⑤ $6\frac{3}{11}$　　⑩ $7\frac{11}{23}$　　⑮ $12\frac{20}{40}$　　⑳ $2\frac{11}{13}$　　㉗ $\frac{17}{24}$　　㉞ $4\frac{29}{38}$

㉑ $2\frac{7}{15}$　　㉘ $2\frac{17}{26}$　　㉟ $6\frac{7}{40}$

㉒ $7\frac{3}{16}$　　㉙ $1\frac{12}{27}$　　㊱ $11\frac{4}{45}$

⑯ 분수 부분끼리 뺄 수 없고 분모가 같은 (대분수) - (대분수)

14일 차

34쪽 ❶ 계산 결과를 대분수로 나타내지 않아도 정답으로 인정합니다.

❶ $1\frac{2}{4}$

❷ $1\frac{3}{5}$

❸ $3\frac{4}{6}$

❹ $2\frac{6}{7}$

❺ $1\frac{5}{7}$

❻ $\frac{6}{8}$

❼ $1\frac{7}{9}$

❽ $2\frac{3}{10}$

❾ $4\frac{7}{11}$

❿ $2\frac{7}{12}$

⓫ $4\frac{8}{13}$

⓬ $2\frac{6}{14}$

⓭ $1\frac{13}{15}$

⓮ $10\frac{13}{16}$

⓯ $4\frac{13}{17}$

35쪽

⓰ $1\frac{12}{19}$

⓱ $1\frac{17}{20}$

⓲ $4\frac{19}{21}$

⓳ $2\frac{20}{22}$

⓴ $3\frac{22}{23}$

㉑ $2\frac{8}{24}$

㉒ $3\frac{14}{25}$

㉓ $1\frac{21}{26}$

㉔ $\frac{25}{27}$

㉕ $3\frac{24}{28}$

㉖ $4\frac{12}{29}$

㉗ $3\frac{18}{30}$

㉘ $1\frac{21}{31}$

㉙ $2\frac{30}{33}$

㉚ $2\frac{32}{34}$

㉛ $6\frac{34}{35}$

㉜ $1\frac{15}{37}$

㉝ $4\frac{37}{40}$

㉞ $2\frac{29}{41}$

㉟ $3\frac{38}{43}$

㊱ $11\frac{41}{46}$

⑰ 분모가 같은 (대분수) - (가분수)

15일 차

36쪽 ❶ 계산 결과를 대분수로 나타내지 않아도 정답으로 인정합니다.

❶ $1\frac{2}{4}$

❷ $3\frac{2}{4}$

❸ $1\frac{3}{5}$

❹ $1\frac{4}{5}$

❺ $2\frac{4}{5}$

❻ $\frac{1}{6}$

❼ $1\frac{3}{6}$

❽ $1\frac{1}{7}$

❾ $3\frac{3}{7}$

❿ $\frac{5}{8}$

⓫ $\frac{7}{8}$

⓬ $2\frac{1}{8}$

⓭ $\frac{2}{9}$

⓮ $1\frac{1}{9}$

⓯ $3\frac{3}{10}$

37쪽

⓰ $5\frac{2}{10}$

⓱ $\frac{2}{11}$

⓲ $3\frac{6}{11}$

⓳ $1\frac{11}{12}$

⓴ $2\frac{1}{12}$

㉑ $1\frac{3}{13}$

㉒ $1\frac{5}{13}$

㉓ $3\frac{7}{14}$

㉔ $1\frac{11}{15}$

㉕ $4\frac{10}{16}$

㉖ $5\frac{6}{17}$

㉗ $4\frac{13}{18}$

㉘ $6\frac{5}{19}$

㉙ $2\frac{2}{20}$

㉚ $5\frac{1}{20}$

㉛ $5\frac{9}{21}$

㉜ $5\frac{11}{22}$

㉝ $3\frac{15}{23}$

㉞ $6\frac{20}{24}$

㉟ $1\frac{19}{25}$

㊱ $4\frac{20}{33}$

⑱ 세 분수의 덧셈과 뺄셈

16일 차

38쪽 ❶ 계산 결과를 대분수로 나타내지 않아도 정답으로 인정합니다.

❶ $\frac{3}{7}$

❷ $\frac{7}{11}$

❸ $\frac{5}{14}$

❹ $\frac{14}{16}$

❺ $1\frac{3}{20}$

❻ $\frac{5}{6}$

❼ $\frac{8}{9}$

❽ $\frac{6}{12}$

❾ $1\frac{3}{15}$

❿ $1\frac{1}{23}$

39쪽

⓫ $1\frac{4}{8}$

⓬ $1\frac{5}{13}$

⓭ $1\frac{1}{21}$

⓮ $4\frac{18}{24}$

⓯ $\frac{34}{35}$

⓰ $2\frac{4}{37}$

⓱ $2\frac{38}{42}$

⓲ $3\frac{4}{10}$

⓳ $2\frac{6}{17}$

⓴ $2\frac{4}{22}$

㉑ $1\frac{1}{29}$

㉒ $2\frac{13}{30}$

㉓ $5\frac{28}{38}$

㉔ $1\frac{14}{40}$

⑲ 그림에서 두 분수의 뺄셈하기

40쪽 ❶ 계산 결과를 대분수로 나타내지 않아도 정답으로 인정합니다.

① $\frac{4}{7}$ / $2\frac{2}{9}$

② $\frac{5}{12}$ / $4\frac{3}{15}$

③ $\frac{4}{8}$ / $5\frac{3}{10}$

④ $\frac{2}{11}$ / $3\frac{8}{14}$

⑤ $\frac{4}{6}$ / $1\frac{6}{7}$

⑥ $4\frac{11}{18}$ / $6\frac{11}{21}$

⑳ 두 분수의 차 구하기

17일 차

41쪽

⑦ $\frac{3}{5}$

⑧ $2\frac{3}{8}$

⑨ $\frac{9}{13}$

⑩ $4\frac{7}{16}$

⑪ $2\frac{5}{17}$

⑫ $1\frac{16}{19}$

⑬ $2\frac{14}{22}$

⑭ $5\frac{10}{24}$

㉑ 덧셈식에서 어떤 수 구하기

42쪽 ❶ 계산 결과를 대분수로 나타내지 않아도 정답으로 인정합니다.

① $\frac{3}{6}$

② $1\frac{3}{11}$

③ $\frac{14}{23}$

④ $4\frac{15}{29}$

⑤ $2\frac{2}{5}$

⑥ $2\frac{4}{8}$

⑦ $2\frac{5}{14}$

⑧ $2\frac{18}{20}$

㉒ 뺄셈식에서 어떤 수 구하기

18일 차

43쪽

⑨ $\frac{4}{7}$

⑩ $3\frac{5}{10}$

⑪ $\frac{11}{14}$

⑫ $2\frac{10}{16}$

⑬ $2\frac{7}{19}$

⑭ $2\frac{16}{21}$

⑮ $3\frac{18}{25}$

⑯ $5\frac{8}{27}$

① $\square = \frac{5}{6} - \frac{2}{6} = \frac{3}{6}$

② $\square = 3\frac{10}{11} - 2\frac{7}{11} = 1\frac{3}{11}$

③ $\square = 1 - \frac{9}{23} = \frac{14}{23}$

④ $\square = 5 - \frac{14}{29} = 4\frac{15}{29}$

⑤ $\square = 4 - 1\frac{3}{5} = 2\frac{2}{5}$

⑥ $\square = 4\frac{2}{8} - 1\frac{6}{8} = 2\frac{4}{8}$

⑦ $\square = 3\frac{8}{14} - \frac{17}{14} = 2\frac{5}{14}$

⑧ $\square = 5\frac{13}{20} - \frac{55}{20} = 2\frac{18}{20}$

⑨ $\square = \frac{5}{7} - \frac{1}{7} = \frac{4}{7}$

⑩ $\square = 4\frac{9}{10} - 1\frac{4}{10} = 3\frac{5}{10}$

⑪ $\square = 1 - \frac{3}{14} = \frac{11}{14}$

⑫ $\square = 3 - \frac{6}{16} = 2\frac{10}{16}$

⑬ $\square = 6 - 3\frac{12}{19} = 2\frac{7}{19}$

⑭ $\square = 5\frac{8}{21} - 2\frac{13}{21} = 2\frac{16}{21}$

⑮ $\square = 8\frac{10}{25} - 4\frac{17}{25} = 3\frac{18}{25}$

⑯ $\square = 6\frac{19}{27} - \frac{38}{27} = 5\frac{8}{27}$

㉓ 가장 큰 대분수와 가장 작은 대분수의 차 구하기

44쪽 ❶ 계산 결과를 대분수로 나타내지 않아도 정답으로 인정합니다.

① $5\frac{4}{6} - 1\frac{2}{6} = 4\frac{2}{6}$

② $8\frac{7}{9} - 2\frac{3}{9} = 6\frac{4}{9}$

③ $8\frac{6}{10} - 3\frac{4}{10} = 5\frac{2}{10}$

④ $10\frac{8}{12} - 2\frac{6}{12} = 8\frac{2}{12}$

⑤ $11\frac{9}{13} - 4\frac{5}{13} = 7\frac{4}{13}$

⑥ $14\frac{10}{15} - 5\frac{7}{15} = 9\frac{3}{15}$

㉔ 차가 가장 큰 뺄셈식 만들기

19일 차

45쪽

⑦ 5, 2 / $1\frac{3}{8}$

⑧ 7, 3 / $2\frac{4}{10}$

⑨ 8, 6 / $2\frac{2}{11}$

⑩ (왼쪽에서부터) 1, 2 / $2\frac{3}{5}$

⑪ (왼쪽에서부터) 3, 5 / $4\frac{2}{7}$

⑫ (왼쪽에서부터) 4, 8 / $5\frac{6}{14}$

❼ $2\dfrac{\square}{8}$는 가장 커야 하므로 $\square=5$, $1\dfrac{\square}{8}$는 가장 작아야 하므로

$\square=2$입니다. ⇨ $2\dfrac{5}{8}-1\dfrac{2}{8}=1\dfrac{3}{8}$

❽ $3\dfrac{\square}{10}$는 가장 커야 하므로 $\square=7$, $1\dfrac{\square}{10}$는 가장 작아야 하므로

$\square=3$입니다. ⇨ $3\dfrac{7}{10}-1\dfrac{3}{10}=2\dfrac{4}{10}$

❾ $4\dfrac{\square}{11}$는 가장 커야 하므로 $\square=8$, $2\dfrac{\square}{11}$는 가장 작아야 하므로

$\square=6$입니다. ⇨ $4\dfrac{8}{11}-2\dfrac{6}{11}=2\dfrac{2}{11}$

❿ $\dfrac{\square}{5}$는 가장 작아야 하므로 자연수 부분의 $\square=1$,

진분수 부분의 $\square=2$입니다. ⇨ $4-1\dfrac{2}{5}=2\dfrac{3}{5}$

⓫ $\dfrac{\square}{7}$는 가장 작아야 하므로 자연수 부분의 $\square=3$,

진분수 부분의 $\square=5$입니다. ⇨ $8-3\dfrac{5}{7}=4\dfrac{2}{7}$

⓬ $\dfrac{\square}{14}$는 가장 작아야 하므로 자연수 부분의 $\square=4$,

진분수 부분의 $\square=8$입니다. ⇨ $10-4\dfrac{8}{14}=5\dfrac{6}{14}$

㉕ 차가 가장 작은 뺄셈식 만들기

㉖ 합과 차를 알 때 두 진분수 구하기

46쪽 ❗ 계산 결과를 대분수로 나타내지 않아도 정답으로 인정합니다.

❶ 3, 6 / $1\dfrac{4}{7}$

❷ 5, 9 / $2\dfrac{8}{12}$

❸ 7, 10 / $1\dfrac{12}{15}$

❹ (왼쪽에서부터) 4, 3 / $\dfrac{3}{6}$

❺ (왼쪽에서부터) 8, 6 / $\dfrac{4}{10}$

❻ (왼쪽에서부터) 10, 8 / $1\dfrac{5}{13}$

47쪽

❼ $\dfrac{3}{8}$, $\dfrac{4}{8}$

❽ $\dfrac{2}{10}$, $\dfrac{6}{10}$

❾ $\dfrac{2}{12}$, $\dfrac{8}{12}$

❿ $\dfrac{5}{19}$, $\dfrac{9}{19}$

⓫ $\dfrac{2}{21}$, $\dfrac{9}{21}$

⓬ $\dfrac{8}{24}$, $\dfrac{10}{24}$

❶ $3\dfrac{\square}{7}$는 가장 작아야 하므로 $\square=3$, $1\dfrac{\square}{7}$는 가장 커야 하므로

$\square=6$입니다. ⇨ $3\dfrac{3}{7}-1\dfrac{6}{7}=1\dfrac{4}{7}$

❷ $4\dfrac{\square}{12}$는 가장 작아야 하므로 $\square=5$, $1\dfrac{\square}{12}$는 가장 커야 하므로

$\square=9$입니다. ⇨ $4\dfrac{5}{12}-1\dfrac{9}{12}=2\dfrac{8}{12}$

❸ $5\dfrac{\square}{15}$는 가장 작아야 하므로 $\square=7$, $3\dfrac{\square}{15}$는 가장 커야 하므로

$\square=10$입니다. ⇨ $5\dfrac{7}{15}-3\dfrac{10}{15}=1\dfrac{12}{15}$

❹ $\dfrac{\square}{6}$는 가장 커야 하므로 자연수 부분의 $\square=4$,

진분수 부분의 $\square=3$입니다. ⇨ $5-4\dfrac{3}{6}=\dfrac{3}{6}$

❺ $\dfrac{\square}{10}$는 가장 커야 하므로 자연수 부분의 $\square=8$,

진분수 부분의 $\square=6$입니다. ⇨ $9-8\dfrac{6}{10}=\dfrac{4}{10}$

❻ $\dfrac{\square}{13}$는 가장 커야 하므로 자연수 부분의 $\square=10$,

진분수 부분의 $\square=8$입니다. ⇨ $12-10\dfrac{8}{13}=1\dfrac{5}{13}$

❼ 두 진분수의 분자를 각각 ㉠, ㉡(㉠>㉡)이라고 하면

㉠+㉡=7, ㉠－㉡=1입니다.

7+1=8이므로 ㉠=8÷2=4, ㉡=7－4=3

⇨ 두 진분수는 $\dfrac{3}{8}$, $\dfrac{4}{8}$입니다.

❽ 두 진분수의 분자를 각각 ㉠, ㉡(㉠>㉡)이라고 하면

㉠+㉡=8, ㉠－㉡=4입니다.

8+4=12이므로 ㉠=12÷2=6, ㉡=8－6=2

⇨ 두 진분수는 $\dfrac{2}{10}$, $\dfrac{6}{10}$입니다.

❾ 두 진분수의 분자를 각각 ㉠, ㉡(㉠>㉡)이라고 하면

㉠+㉡=10, ㉠－㉡=6입니다.

10+6=16이므로 ㉠=16÷2=8, ㉡=10－8=2

⇨ 두 진분수는 $\dfrac{2}{12}$, $\dfrac{8}{12}$입니다.

❿ 두 진분수의 분자를 각각 ㉠, ㉡(㉠>㉡)이라고 하면

㉠+㉡=14, ㉠－㉡=4입니다.

14+4=18이므로 ㉠=18÷2=9, ㉡=14－9=5

⇨ 두 진분수는 $\dfrac{5}{19}$, $\dfrac{9}{19}$입니다.

⓫ 두 진분수의 분자를 각각 ㉠, ㉡(㉠>㉡)이라고 하면

㉠+㉡=11, ㉠－㉡=7입니다.

11+7=18이므로 ㉠=18÷2=9, ㉡=11－9=2

⇨ 두 진분수는 $\dfrac{2}{21}$, $\dfrac{9}{21}$입니다.

⓬ 두 진분수의 분자를 각각 ㉠, ㉡(㉠>㉡)이라고 하면

㉠+㉡=18, ㉠－㉡=2입니다.

18+2=20이므로 ㉠=20÷2=10, ㉡=18－10=8

⇨ 두 진분수는 $\dfrac{8}{24}$, $\dfrac{10}{24}$입니다.

㉗ 뺄셈 문장제

48쪽 ❗ 계산 결과를 대분수로 나타내지 않아도 정답으로 인정합니다.

❶ $\dfrac{7}{8}$, $\dfrac{5}{8}$, $\dfrac{2}{8}$ / $\dfrac{2}{8}$ L

❷ $2\dfrac{8}{9}$, $1\dfrac{3}{9}$, $1\dfrac{5}{9}$ / $1\dfrac{5}{9}$ 조각

49쪽

❸ $3-1\dfrac{2}{11}=1\dfrac{9}{11}$ / $1\dfrac{9}{11}$ 시간

❹ $7\dfrac{6}{13}-4\dfrac{9}{13}=2\dfrac{10}{13}$ / $2\dfrac{10}{13}$ 장

❺ $5\dfrac{7}{15}-\dfrac{34}{15}=3\dfrac{3}{15}$ / $3\dfrac{3}{15}$ kg

❸ (어제와 오늘 공부 시간의 차)
= (어제 공부한 시간) − (오늘 공부한 시간)
= $3-1\dfrac{2}{11}=1\dfrac{9}{11}$ (시간)

❹ (더 필요한 색종이의 수)
= (꽃 모양을 만드는 데 필요한 색종이의 수) − (가지고 있는 색종이의 수)
= $7\dfrac{6}{13}-4\dfrac{9}{13}=2\dfrac{10}{13}$ (장)

❺ (감의 양) = (사과의 양) − $\dfrac{34}{15}$
= $5\dfrac{7}{15}-\dfrac{34}{15}=3\dfrac{3}{15}$ (kg)

㉘ 덧셈과 뺄셈 문장제

50쪽 ❗ 계산 결과를 대분수로 나타내지 않아도 정답으로 인정합니다.

❶ $\dfrac{1}{8}$, $\dfrac{5}{8}$, $\dfrac{2}{8}$, $\dfrac{4}{8}$ / $\dfrac{4}{8}$ L

❷ $2\dfrac{6}{10}$, $1\dfrac{8}{10}$, $1\dfrac{4}{10}$, $2\dfrac{2}{10}$ / $2\dfrac{2}{10}$ kg

51쪽

❸ $\dfrac{7}{12}-\dfrac{3}{12}+\dfrac{5}{12}=\dfrac{9}{12}$ / $\dfrac{9}{12}$ m

❹ $3\dfrac{9}{13}+2\dfrac{5}{13}-3\dfrac{2}{13}=2\dfrac{12}{13}$ / $2\dfrac{12}{13}$ kg

❺ $\dfrac{8}{15}+\dfrac{6}{15}-\dfrac{12}{15}=\dfrac{2}{15}$ / $\dfrac{2}{15}$ 개

❸ (가지고 있는 종이띠의 길이)
= (처음 종이띠의 길이) − (사용한 종이띠의 길이) + (더 산 종이띠의 길이)
= $\dfrac{7}{12}-\dfrac{3}{12}+\dfrac{5}{12}=\dfrac{9}{12}$ (m)

❹ (남은 포도의 양)
= (어머니가 딴 포도의 양) + (아버지가 딴 포도의 양) − (친구에게 준 포도의 양)
= $3\dfrac{9}{13}+2\dfrac{5}{13}-3\dfrac{2}{13}=2\dfrac{12}{13}$ (kg)

❺ (남은 찰흙의 양)
= (가지고 있던 찰흙의 양) + (종서에게 받은 찰흙의 양) − (사용한 찰흙의 양)
= $\dfrac{8}{15}+\dfrac{6}{15}-\dfrac{12}{15}=\dfrac{2}{15}$ (개)

23일 차

52쪽 ❶ 계산 결과를 대분수로 나타내지 않아도 정답으로 인정합니다.

53쪽

❶ $\dfrac{3}{6}$, $\dfrac{3}{6}$, $\dfrac{1}{6}$, 2, $\dfrac{1}{6}$ / 2개, $\dfrac{1}{6}$ kg

❷ $1\dfrac{5}{9}$, $1\dfrac{5}{9}$, $\dfrac{3}{9}$, 2, $\dfrac{3}{9}$ / 2병, $\dfrac{3}{9}$ kg

❸ 2개, $\dfrac{4}{10}$ m

❹ 3개, $\dfrac{15}{16}$ m

❺ 4병, $\dfrac{4}{12}$ 컵

❸ (꽃다발 1개를 포장하고 남는 리본의 길이)

$=2-\dfrac{8}{10}=1\dfrac{2}{10}$(m)

(꽃다발 2개를 포장하고 남는 리본의 길이)

$=1\dfrac{2}{10}-\dfrac{8}{10}=\dfrac{4}{10}$(m)

따라서 포장할 수 있는 꽃다발은 2개이고, 남는 리본은 $\dfrac{4}{10}$ m입니다.

❹ (인형 1개를 만들고 남는 실의 길이)$=8\dfrac{1}{16}-2\dfrac{6}{16}=5\dfrac{11}{16}$(m)

(인형 2개를 만들고 남는 실의 길이)$=5\dfrac{11}{16}-2\dfrac{6}{16}=3\dfrac{5}{16}$(m)

(인형 3개를 만들고 남는 실의 길이)$=3\dfrac{5}{16}-2\dfrac{6}{16}=\dfrac{15}{16}$(m)

따라서 만들 수 있는 인형은 3개이고, 남는 실은 $\dfrac{15}{16}$ m입니다.

❺ (잼 1병을 만들고 남는 설탕의 양)$=7\dfrac{4}{12}-1\dfrac{9}{12}=5\dfrac{7}{12}$(컵)

(잼 2병을 만들고 남는 설탕의 양)$=5\dfrac{7}{12}-1\dfrac{9}{12}=3\dfrac{10}{12}$(컵)

(잼 3병을 만들고 남는 설탕의 양)$=3\dfrac{10}{12}-1\dfrac{9}{12}=2\dfrac{1}{12}$(컵)

(잼 4병을 만들고 남는 설탕의 양)$=2\dfrac{1}{12}-1\dfrac{9}{12}=\dfrac{4}{12}$(컵)

따라서 만들 수 있는 잼은 4병이고, 남는 설탕은 $\dfrac{4}{12}$ 컵입니다.

㉚ 바르게 계산한 값 구하기

24일 차

54쪽 ❶ 계산 결과를 대분수로 나타내지 않아도 정답으로 인정합니다.

55쪽

❶ $\dfrac{9}{10}$, $\dfrac{9}{10}$, $\dfrac{6}{10}$, $\dfrac{6}{10}$, $\dfrac{3}{10}$ / $\dfrac{3}{10}$

❷ $3\dfrac{10}{12}$, $3\dfrac{10}{12}$, $1\dfrac{4}{12}$, $1\dfrac{4}{12}$, $1\dfrac{2}{12}$ / $1\dfrac{2}{12}$

❸ $\dfrac{1}{14}$

❹ $1\dfrac{3}{15}$

❺ $\dfrac{11}{20}$

❸ 어떤 수를 □라 하면

$\square+\dfrac{5}{14}=\dfrac{11}{14}$ ⇨ $\dfrac{11}{14}-\dfrac{5}{14}=\square$, $\square=\dfrac{6}{14}$입니다.

따라서 바르게 계산하면 $\dfrac{6}{14}-\dfrac{5}{14}=\dfrac{1}{14}$입니다.

❹ 어떤 수를 □라 하면

$\square+1\dfrac{8}{15}=4\dfrac{4}{15}$ ⇨ $4\dfrac{4}{15}-1\dfrac{8}{15}=\square$, $\square=2\dfrac{11}{15}$입니다.

따라서 바르게 계산하면 $2\dfrac{11}{15}-1\dfrac{8}{15}=1\dfrac{3}{15}$입니다.

❺ 어떤 수를 □라 하면

$2\dfrac{17}{20}+\square=5\dfrac{3}{20}$ ⇨ $5\dfrac{3}{20}-2\dfrac{17}{20}=\square$, $\square=2\dfrac{6}{20}$입니다.

따라서 바르게 계산하면 $2\dfrac{17}{20}-2\dfrac{6}{20}=\dfrac{11}{20}$입니다.

56쪽 ❶ 계산 결과를 대분수로 나타내지 않아도 정답으로 인정합니다.

1 $\dfrac{6}{7}$

2 $1\dfrac{1}{8}$

3 $4\dfrac{6}{9}$

4 $7\dfrac{5}{11}$

5 $4\dfrac{3}{13}$

6 $\dfrac{3}{6}$

7 $\dfrac{2}{10}$

8 $\dfrac{7}{14}$

9 $3\dfrac{11}{16}$

10 $1\dfrac{9}{17}$

11 $3\dfrac{15}{19}$

12 $1\dfrac{20}{24}$

13 $\dfrac{23}{25}$

14 $\dfrac{7}{12}$

57쪽

15 $\dfrac{4}{10}+\dfrac{2}{10}=\dfrac{6}{10}$

/ $\dfrac{6}{10}$ kg

16 $3\dfrac{2}{7}-2\dfrac{6}{7}=\dfrac{3}{7}$ / $\dfrac{3}{7}$ m

17 $1\dfrac{5}{11}+1\dfrac{10}{11}+1\dfrac{9}{11}$

$=5\dfrac{2}{11}$ / $5\dfrac{2}{11}$ kg

18 $3\dfrac{7}{14}-1\dfrac{10}{14}+2\dfrac{5}{14}$

$=4\dfrac{2}{14}$ / $4\dfrac{2}{14}$ kg

19 $2\dfrac{3}{8}+\dfrac{15}{8}=4\dfrac{2}{8}$

20 $\dfrac{5}{12}$

15 (쌀과 찹쌀의 양)=(쌀의 양)+(찹쌀의 양)
$=\dfrac{4}{10}+\dfrac{2}{10}=\dfrac{6}{10}$(kg)

16 (남은 철사의 길이)
=(가지고 있던 철사의 길이)-(사용한 철사의 길이)
$=3\dfrac{2}{7}-2\dfrac{6}{7}=\dfrac{3}{7}$(m)

17 (처음에 가지고 있던 밀가루의 양)
=(쿠키를 만든 밀가루의 양)+(빵을 만든 밀가루의 양)
  +(남은 밀가루의 양)
$=1\dfrac{5}{11}+1\dfrac{10}{11}+1\dfrac{9}{11}=5\dfrac{2}{11}$(kg)

18 (집에 있는 딸기의 양)
=(처음 딸기의 양)-(먹은 딸기의 양)+(더 사 오신 딸기의 양)
$=3\dfrac{7}{14}-1\dfrac{10}{14}+2\dfrac{5}{14}=4\dfrac{2}{14}$(kg)

20 어떤 수를 □라 하면
□+$\dfrac{3}{12}=\dfrac{11}{12}$ ⇨ $\dfrac{11}{12}-\dfrac{3}{12}=□$, □=$\dfrac{8}{12}$입니다.
따라서 바르게 계산하면 $\dfrac{8}{12}-\dfrac{3}{12}=\dfrac{5}{12}$입니다.

2. 삼각형

① 이등변삼각형, 정삼각형

1일차

60쪽

❶ 가, 나, 다, 라 / 가

❷ 가, 나, 다, 라 / 나, 라

61쪽

❸ 4

❹ 8

❺ 6

❻ 7

❼ 3

❽ 5

❾ 8

❿ 10

② 이등변삼각형의 성질

2일차

62쪽

❶ 50

❷ 30

❸ 45

❹ 75

❺ 60

❻ 25

63쪽

❼ 40

❽ 65

❾ 45

❿ 70

⓫ 6

⓬ 7

⓭ 9

⓮ 12

③ 정삼각형의 성질

3일차

64쪽

❶ 60

❷ 60

❸ 60, 60

❹ 60, 60

❺ 60, 60, 60

❻ 60, 60, 60

65쪽

❼ 60

❽ 60

❾ 60, 60

❿ 60, 60, 60

⓫ 4

⓬ 10

⓭ 11, 11

⓮ 15, 15

④ 예각삼각형, 둔각삼각형

4일차

66쪽

❶ 가, 라, 마 / 나, 다

❷ 다, 마 / 나 / 가, 라

67쪽

❸ 둔각삼각형

❹ 예각삼각형

❺ 예각삼각형

❻ 둔각삼각형

❼ 직각삼각형

❽ 예각삼각형

❾ 직각삼각형

❿ 둔각삼각형

⓫ 예각삼각형

⓬ 둔각삼각형

⑤ 정삼각형의 한 변의 길이 구하기

⑥ 이등변삼각형의 세 변의 길이의 합 구하기

5일차

68쪽

❶ 6
❹ 9
❷ 10
❺ 11
❸ 16
❻ 19

69쪽

❼ 6+6+10=22 / 22 cm
❾ 12+12+5=29 / 29 cm
❽ 8+8+9=25 / 25 cm
❿ 13+13+7=33 / 33 cm

❶ □+□+□=18이므로 □×3=18 ⇨ □=18÷3=6
❷ □+□+□=30이므로 □×3=30 ⇨ □=30÷3=10
❸ □+□+□=48이므로 □×3=48 ⇨ □=48÷3=16

❹ □+□+□=27이므로 □×3=27 ⇨ □=27÷3=9
❺ □+□+□=33이므로 □×3=33 ⇨ □=33÷3=11
❻ □+□+□=57이므로 □×3=57 ⇨ □=57÷3=19

⑦ 이등변삼각형에서 길이가 다른 한 변의 길이 구하기

⑧ 이등변삼각형에서 길이가 같은 변의 길이 구하기

6일차

70쪽

❶ 8
❹ 11
❷ 6
❺ 12
❸ 7
❻ 15

71쪽

❼ 6
❿ 9
❽ 9
⓫ 8
❾ 10
⓬ 11

❶ □+5+5=18 ⇨ □=18−10=8
❷ □+8+8=22 ⇨ □=22−16=6
❸ □+11+11=29 ⇨ □=29−22=7
❹ □+7+7=25 ⇨ □=25−14=11
❺ □+9+9=30 ⇨ □=30−18=12
❻ □+10+10=35 ⇨ □=35−20=15

❼ □+□+8=20, □+□=20−8=12 ⇨ □=12÷2=6
❽ □+□+6=24, □+□=24−6=18 ⇨ □=18÷2=9
❾ □+□+12=32, □+□=32−12=20 ⇨ □=20÷2=10
❿ □+□+5=23, □+□=23−5=18 ⇨ □=18÷2=9
⓫ □+□+11=27, □+□=27−11=16 ⇨ □=16÷2=8
⓬ □+□+14=36, □+□=36−14=22 ⇨ □=22÷2=11

⑨ 이등변삼각형의 안에 있는 각도 구하기

⑩ 이등변삼각형의 밖에 있는 각도 구하기

7일차

72쪽

❶ 55
❹ 50
❷ 80
❺ 35
❸ 60
❻ 30

73쪽

❼ 115
❿ 150
❽ 120
⓫ 100
❾ 105
⓬ 130

❶ □+□+70°=180°, □+□=110° ⇨ □=110°÷2=55°
❷ □+□+20°=180°, □+□=160° ⇨ □=160°÷2=80°
❸ □+□+60°=180°, □+□=120° ⇨ □=120°÷2=60°
❹ □+□+80°=180°, □+□=100° ⇨ □=100°÷2=50°
❺ □+□+110°=180°, □+□=70° ⇨ □=70°÷2=35°
❻ □+□+120°=180°, □+□=60° ⇨ □=60°÷2=30°

❼ (각 ㄱㄷㄴ)=(각 ㄱㄴㄷ)=65° ⇨ □=180°−65°=115°
❽ (각 ㄱㄷㄴ)=(각 ㄱㄴㄷ)=60° ⇨ □=180°−60°=120°
❾ (각 ㄴㄷㄱ)=(각 ㄴㄷㄱ)=75° ⇨ □=180°−75°=105°
❿ (각 ㄷㄱㄴ)=(각 ㄷㄱㄴ)=30° ⇨ □=180°−30°=150°
⓫ (각 ㄱㄷㄴ)=(각 ㄱㄴㄷ)=80° ⇨ □=180°−80°=100°
⓬ (각 ㄱㄷㄴ)=(각 ㄱㄴㄷ)=50° ⇨ □=180°−50°=130°

⑪ 삼각형의 이름 구하기

❶ 이등변삼각형, 예각삼각형   **❸** 둔각삼각형

❷ 이등변삼각형, 직각삼각형   **❹** 이등변삼각형, 정삼각형, 예각삼각형

❶ • 두 변의 길이가 같으므로 이등변삼각형입니다.
     • 두 각이 70°로 같고 나머지 한 각의 크기가 180°−70°−70°=40°
     로 세 각 70°, 70°, 40°가 모두 예각이므로 예각삼각형입니다.

❷ • 두 변의 길이가 같으므로 이등변삼각형입니다.
     • 한 각이 90°이므로 직각삼각형입니다.

❸ 나머지 한 각의 크기가 180°−25°−35°=120°로 둔각이므로 둔각삼각형입니다.

❹ 나머지 한 각의 크기가 180°−60°−60°=60°이므로 정삼각형이고, 두 각의 크기가 같으므로 이등변삼각형입니다.
     • 세 각이 모두 예각이므로 예각삼각형입니다.

❺
• 삼각형 1개짜리: ② → 1개
• 삼각형 2개짜리: ①+②, ②+③ → 2개
• 삼각형 3개짜리: ①+②+③ → 1개
⇨ 1+2+1=4(개)

❻
• 삼각형 1개짜리: ①, ③ → 2개
• 삼각형 2개짜리: ①+②, ③+④ → 2개
⇨ 2+2=4(개)

⑫ 크고 작은 삼각형의 수 구하기

❺ 4개   **❽** 5개

❻ 4개   **❾** 5개

❼ 10개   **❿** 13개

❼
• 삼각형 1개짜리: ①, ②, ③, ④, ⑤ → 5개
• 삼각형 3개짜리: ①+⑥+③, ①+⑥+④, ②+⑥+④, ②+⑥+⑤, ③+⑥+⑤ → 5개
⇨ 5+5=10(개)

❽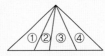
• 삼각형 1개짜리: ②, ④ → 2개
• 삼각형 2개짜리: ②+③, ③+④ → 2개
• 삼각형 4개짜리: ①+②+③+④ → 1개
⇨ 2+2+1=5(개)

❾
• 삼각형 1개짜리: ①, ②, ④ → 3개
• 삼각형 2개짜리: ①+② → 1개
• 삼각형 4개짜리: ①+②+③+④ → 1개
⇨ 3+1+1=5(개)

❿
• 삼각형 1개짜리: ①, ②, ③, ④, ⑤, ⑥, ⑦, ⑧, ⑨ → 9개
• 삼각형 4개짜리: ①+②+③+④, ②+⑤+⑥+⑦, ④+⑦+⑧+⑨ → 3개
• 삼각형 9개짜리: ①+②+③+④+⑤+⑥+⑦+⑧+⑨ → 1개
⇨ 9+3+1=13(개)

평가 ## 2. 삼각형

1 가, 나, 다, 라 / 나, 다	4 60, 60, 60
2 35	5 다, 라, 바 / 나 / 가, 마
3 6	6 예각삼각형
	7 둔각삼각형

8 25 cm	12 40
9 8	13 110
10 9	14 이등변삼각형, 둔각삼각형
11 11	15 6개

9 □+□+□=24이므로 □×3=24 ⇨ □=24÷3=8
10 □+7+7=23 ⇨ □=23−14=9
11 □+□+8=30, □+□=30−8=22 ⇨ □=22÷2=11
12 □+□+100°=180°, □+□=80° ⇨ □=80°÷2=40°
13 (각 ㄴㄷㄱ)=(각 ㄴㄱㄷ)=70° ⇨ □=180°−70°=110°

14 두 변의 길이가 같으므로 이등변삼각형이고, 한 각의 크기가 120°로 둔각이므로 둔각삼각형입니다.

15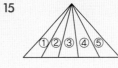
• 삼각형 1개짜리: ①, ②, ④, ⑤ → 4개
• 삼각형 2개짜리: ①+②, ④+⑤ → 2개
⇨ 4+2=6(개)

3. 소수의 덧셈과 뺄셈

1일차

① 소수 두 자리 수

80쪽

❶ 0.04 /
　영 점 영사

❷ 0.19 /
　영 점 일구

❸ 0.25 /
　영 점 이오

❹ 0.36 /
　영 점 삼육

❺ 0.57 /
　영 점 오칠

❻ 0.82 /
　영 점 팔이

❼ 2.41 /
　이 점 사일

❽ 5.63 /
　오 점 육삼

❾ 9.78 /
　구 점 칠팔

② 소수 두 자리 수의 자릿값

81쪽

❿ 소수 첫째, 0.2

⓫ 소수 둘째, 0.03

⓬ 일의, 5

⓭ 소수 첫째, 0.1

⓮ 소수 둘째, 0.06

⓯ 일의, 8

⓰ 소수 첫째, 0.7

⓱ 소수 둘째, 0.09

2일차

③ 소수 세 자리 수

82쪽

❶ 0.003 /
　영 점 영영삼

❷ 0.018 /
　영 점 영일팔

❸ 0.049 /
　영 점 영사구

❹ 0.087 /
　영 점 영팔칠

❺ 0.126 /
　영 점 일이육

❻ 0.635 /
　영 점 육삼오

❼ 1.211 /
　일 점 이일일

❽ 4.492 /
　사 점 사구이

❾ 8.573 /
　팔 점 오칠삼

④ 소수 세 자리 수의 자릿값

83쪽

❿ 소수 셋째, 0.001

⓫ 소수 둘째, 0.05

⓬ 소수 첫째, 0.7

⓭ 일의, 6

⓮ 소수 둘째, 0.09

⓯ 소수 첫째, 0.8

⓰ 일의, 4

⓱ 소수 셋째, 0.002

3일차

⑤ 소수의 크기 비교

84쪽

❶ <
❷ >
❸ >
❹ <
❺ <

❻ >
❼ <
❽ >
❾ >
❿ <

⓫ >
⓬ >
⓭ <
⓮ <
⓯ >

85쪽

⓰ <
⓱ >
⓲ <
⓳ =
⓴ >
㉑ >
㉒ >

㉓ <
㉔ >
㉕ <
㉖ <
㉗ >
㉘ <
㉙ <

㉚ >
㉛ >
㉜ >
㉝ <
㉞ =
㉟ >
㊱ >

6 소수 사이의 관계

86쪽

① 0.02, 0.2, 20, 200
② 0.15, 1.5, 150, 1500
③ 0.008, 0.08, 8, 80
④ 0.049, 0.49, 49, 490
⑤ 0.075, 0.75, 75, 750
⑥ 0.106, 1.06, 106, 1060
⑦ 0.123, 1.23, 123, 1230
⑧ 2.474, 24.74, 2474, 24740

87쪽

⑨ 6, 60
⑩ 14.7, 147
⑪ 35.21, 352.1
⑫ 78, 780
⑬ 136.4, 1364

⑭ 0.3, 0.03
⑮ 0.59, 0.059
⑯ 3.47, 0.347
⑰ 2.2, 0.22
⑱ 48.6, 4.86

7 소수 사이의 관계에서 어떤 수 구하기   ## 8 나타내는 수가 몇 배인지 구하기

88쪽

① 1.4   ⑤ 0.16
② 3.27   ⑥ 5.6
③ 55.9   ⑦ 256
④ 72.72   ⑧ 816.4

89쪽

⑨ 100배   ⑫ 100배
⑩ 10배   ⑬ 1000배
⑪ 1000배   ⑭ 10000배

① □는 14의 $\frac{1}{10}$ ⇨ □=1.4
② □는 32.7의 $\frac{1}{10}$ ⇨ □=3.27
③ □는 5.59의 10배 ⇨ □=55.9
④ □는 7.272의 10배 ⇨ □=72.72
⑤ □는 16의 $\frac{1}{100}$ ⇨ □=0.16
⑥ □는 560의 $\frac{1}{100}$ ⇨ □=5.6
⑦ □는 2.56의 100배 ⇨ □=256
⑧ □는 8.164의 100배 ⇨ □=816.4

⑨ ㉠이 나타내는 수: 10
   ㉡이 나타내는 수: 0.1
   ⇨ ㉠이 나타내는 수는 ㉡이 나타내는 수의 100배입니다.
⑩ ㉠이 나타내는 수: 7
   ㉡이 나타내는 수: 0.7
   ⇨ ㉠이 나타내는 수는 ㉡이 나타내는 수의 10배입니다.
⑪ ㉠이 나타내는 수: 4
   ㉡이 나타내는 수: 0.004
   ⇨ ㉠이 나타내는 수는 ㉡이 나타내는 수의 1000배입니다.
⑫ ㉠이 나타내는 수: 3
   ㉡이 나타내는 수: 0.03
   ⇨ ㉠이 나타내는 수는 ㉡이 나타내는 수의 100배입니다.
⑬ ㉠이 나타내는 수: 80
   ㉡이 나타내는 수: 0.08
   ⇨ ㉠이 나타내는 수는 ㉡이 나타내는 수의 1000배입니다.
⑭ ㉠이 나타내는 수: 90
   ㉡이 나타내는 수: 0.009
   ⇨ ㉠이 나타내는 수는 ㉡이 나타내는 수의 10000배입니다.

⑨ 받아올림이 없는 소수 한 자리 수의 덧셈

90쪽

❶ 0.5 ❺ 1.8 ❾ 10.9
❷ 0.5 ❻ 9.7 ❿ 14.7
❸ 0.9 ❼ 7.8 ⓫ 18.8
❹ 1.9 ❽ 9.6 ⓬ 16.5

91쪽

⓭ 0.8 ⓴ 5.6 ㉗ 9.4
⓮ 0.7 ㉑ 4.8 ㉘ 9.9
⓯ 0.7 ㉒ 9.9 ㉙ 14.8
⓰ 0.9 ㉓ 7.7 ㉚ 17.9
⓱ 0.9 ㉔ 6.5 ㉛ 25.8
⓲ 1.6 ㉕ 8.2 ㉜ 29.9
⓳ 2.4 ㉖ 9.8 ㉝ 29.3

⑩ 받아올림이 없는 소수 두 자리 수의 덧셈

92쪽

❶ 0.06 ❺ 7.59 ❾ 11.48
❷ 0.54 ❻ 7.96 ❿ 11.98
❸ 0.69 ❼ 6.77 ⓫ 17.98
❹ 1.67 ❽ 9.99 ⓬ 19.89

93쪽

⓭ 0.66 ⓴ 2.97 ㉗ 8.96
⓮ 0.88 ㉑ 7.78 ㉘ 9.99
⓯ 0.69 ㉒ 8.67 ㉙ 18.78
⓰ 0.84 ㉓ 9.73 ㉚ 16.38
⓱ 1.75 ㉔ 8.96 ㉛ 29.94
⓲ 1.99 ㉕ 8.68 ㉜ 28.87
⓳ 8.95 ㉖ 9.79 ㉝ 28.75

⑪ 받아올림이 있는 소수 한 자리 수의 덧셈

94쪽

❶ 1.3 ❺ 2.3 ❾ 16.2
❷ 1.2 ❻ 7.1 ❿ 20.4
❸ 1.3 ❼ 9.5 ⓫ 22
❹ 2.1 ❽ 11.2 ⓬ 22.3

95쪽

⓭ 1 ⓴ 7.2 ㉗ 15
⓮ 1.1 ㉑ 4.1 ㉘ 18.1
⓯ 1.1 ㉒ 9.2 ㉙ 17.2
⓰ 1.4 ㉓ 7.4 ㉚ 23.4
⓱ 2.1 ㉔ 10 ㉛ 26.6
⓲ 2.1 ㉕ 7.2 ㉜ 27.2
⓳ 2.2 ㉖ 15.3 ㉝ 33.1

⑫ 받아올림이 있는 소수 두 자리 수의 덧셈

9일 차

96쪽

❶ 0.92　　❺ 4.78　　❾ 8.13
❷ 0.81　　❻ 5.03　　❿ 11.2
❸ 4.86　　❼ 9.39　　⓫ 16.31
❹ 4.51　　❽ 9.17　　⓬ 18.35

97쪽

⓭ 0.76　　⓴ 5.26　　㉗ 9.21
⓮ 0.93　　㉑ 7.07　　㉘ 11.26
⓯ 4.92　　㉒ 9.28　　㉙ 12.23
⓰ 7.71　　㉓ 8.12　　㉚ 18.2
⓱ 7.84　　㉔ 9.48　　㉛ 19.12
⓲ 4.92　　㉕ 9.26　　㉜ 29.2
⓳ 8.81　　㉖ 10.24　　㉝ 29.13

⑬ 자릿수가 다른 소수의 덧셈

10일 차

98쪽

❶ 0.84　　❺ 4.89　　❾ 13.13
❷ 3.65　　❻ 7.87　　❿ 19.52
❸ 8.54　　❼ 9.11　　⓫ 18.19
❹ 10.22　　❽ 11.05　　⓬ 22.28

99쪽

⓭ 0.72　　⓴ 8.61　　㉗ 11.63
⓮ 7.89　　㉑ 7.77　　㉘ 17.26
⓯ 7.17　　㉒ 10.34　　㉙ 19.14
⓰ 9.08　　㉓ 8.22　　㉚ 22.39
⓱ 8.15　　㉔ 7.31　　㉛ 23.14
⓲ 9.29　　㉕ 9.15　　㉜ 29.22
⓳ 10.44　　㉖ 9.23　　㉝ 30.11

⑭ 그림에서 두 소수의 덧셈하기　　⑮ 두 소수의 합 구하기

11일 차

100쪽　❗ 정답을 위에서부터 확인합니다.

❶ 2.6 / 3.9　　❹ 7.63 / 9.09
❷ 3.77 / 8.79　　❺ 11.12 / 17.63
❸ 8 / 9.6　　❻ 17.35 / 18.05

101쪽

❼ 4.8　　⓫ 9.26
❽ 4.56　　⓬ 16
❾ 9.5　　⓭ 15.21
❿ 5.62　　⓮ 19.14

┤ 12일 차 ├

102쪽

❶ 1.7
❷ 5.9
❸ 5.46
❹ 7.77
❺ 11.95

❻ 7.3
❼ 9.3
❽ 7.91
❾ 7.73
❿ 12.91

103쪽

⑪ 8.28
⑫ 5.08
⑬ 9.25
⑭ 10.43
⑮ 12.55
⑯ 19.41

⑰ 7.97
⑱ 6.49
⑲ 9.15
⑳ 14.33
㉑ 15.32
㉒ 24.13

❶ □=0.3+1.4=1.7
❷ □=3.4+2.5=5.9
❸ □=5.14+0.32=5.46
❹ □=6.24+1.53=7.77
❺ □=7.31+4.64=11.95

❻ □=3.7+3.6=7.3
❼ □=4.5+4.8=9.3
❽ □=5.73+2.18=7.91
❾ □=6.49+1.24=7.73
❿ □=8.72+4.19=12.91

⑪ □=2.36+5.92=8.28
⑫ □=4.67+0.41=5.08
⑬ □=7.52+1.73=9.25
⑭ □=8.69+1.74=10.43
⑮ □=9.57+2.98=12.55
⑯ □=12.85+6.56=19.41

⑰ □=4.37+3.6=7.97
⑱ □=5.2+1.29=6.49
⑲ □=6.55+2.6=9.15
⑳ □=7.83+6.5=14.33
㉑ □=9.6+5.72=15.32
㉒ □=15.4+8.73=24.13

⑰ 덧셈식 완성하기

┤ 13일 차 ├

104쪽 ❶ 정답을 위에서부터 확인합니다.

❶ 4, 5
❷ 7, 6
❸ 2, 2

❹ 3, 2, 6
❺ 2, 4, 8
❻ 4, 2, 1

105쪽

❼ 2, 3, 7
❽ 1, 9, 8
❾ 6, 8, 2
❿ 7, 9, 9

⑪ 1, 3, 1
⑫ 4, 9, 8
⑬ 2, 7, 5
⑭ 6, 7, 9

❶ • 소수 첫째 자리: 5+□=9 ⇨ □=4
　• 일의 자리: 3+2=□ ⇨ □=5
❷ • 소수 첫째 자리: □+6=13 ⇨ □=7
　• 일의 자리: 1+4+1=□ ⇨ □=6
❸ • 소수 첫째 자리: 9+3=12 ⇨ □=2
　• 일의 자리: 1+5+□=8 ⇨ □=2
❹ • 소수 둘째 자리: 5+□=7 ⇨ □=2
　• 소수 첫째 자리: 4+2=□ ⇨ □=6
　• 일의 자리: □+1=4 ⇨ □=3
❺ • 소수 둘째 자리: □+9=11 ⇨ □=2
　• 소수 첫째 자리: 1+6+1=□ ⇨ □=8
　• 일의 자리: 3+□=7 ⇨ □=4
❻ • 소수 둘째 자리: 5+6=11 ⇨ □=1
　• 소수 첫째 자리: 1+6+□=9 ⇨ □=2
　• 일의 자리: □+5=9 ⇨ □=4
❼ • 소수 둘째 자리: 4+3=□ ⇨ □=7
　• 소수 첫째 자리: □+9=11 ⇨ □=2
　• 일의 자리: 1+2+□=6 ⇨ □=3

❽ • 소수 둘째 자리: □+5=6 ⇨ □=1
　• 소수 첫째 자리: 1+□=10 ⇨ □=9
　• 일의 자리: 1+3+4=□ ⇨ □=8
❾ • 소수 둘째 자리: 7+5=12 ⇨ □=2
　• 소수 첫째 자리: 1+6+□=15 ⇨ □=8
　• 일의 자리: 1+□+1=8 ⇨ □=6
❿ • 소수 둘째 자리: 3+□=12 ⇨ □=9
　• 소수 첫째 자리: 1+□+4=12 ⇨ □=7
　• 일의 자리: 1+5+3=□ ⇨ □=9
⑪ • 소수 둘째 자리: □=1
　• 소수 첫째 자리: □+8=9 ⇨ □=1
　• 일의 자리: 4+□=7 ⇨ □=3
⑫ • 소수 둘째 자리: □=4
　• 소수 첫째 자리: 3+□=12 ⇨ □=9
　• 일의 자리: 1+6+1=□ ⇨ □=8
⑬ • 소수 둘째 자리: □=5
　• 소수 첫째 자리: 2+□=9 ⇨ □=7
　• 일의 자리: □+6=8 ⇨ □=2
⑭ • 소수 둘째 자리: □=7
　• 소수 첫째 자리: □+8=14 ⇨ □=6
　• 일의 자리: 1+4+4=□ ⇨ □=9

⑱ 덧셈 문장제

106쪽

❶ 0.3, 0.4, 0.7 / 0.7 m

❷ 1.5, 0.9, 2.4 / 2.4 kg

❸ 3.14, 2.28, 5.42 / 5.42 km

107쪽

❹ 4.05+1.43=5.48 / 5.48 L

❺ 1.73+5.62=7.35 / 7.35 km

❻ 7.45+4.88=12.33 / 12.33 m

❼ 0.53+12.6=13.13 / 13.13 kg

❹ (효진이가 이번 주에 마신 물의 양)
   =(효진이가 지난주에 마신 물의 양)+1.43
   =4.05+1.43=5.48(L)

❺ (해성이네 집에서 도서관을 지나 할머니 댁까지 가는 거리)
   =(해성이네 집에서 도서관까지의 거리)
       +(도서관에서 할머니 댁까지의 거리)
   =1.73+5.62=7.35(km)

❻ (직사각형의 세로)
   =(직사각형의 가로)+4.88
   =7.45+4.88=12.33(m)

❼ (모래가 담긴 상자의 무게)
   =(상자의 무게)+(모래의 무게)
   =0.53+12.6=13.13(kg)

⑲ 바르게 계산한 값 구하기

108쪽

❶ 0.2, 0.2, 0.7, 0.7, 1.2 / 1.2

❷ 2.37, 2.37, 3.53, 3.53, 4.69 / 4.69

109쪽

❸ 6.3

❹ 11.69

❺ 13.13

❸ 어떤 수를 ☐라 하면
   ☐-1.9=2.5 ⇨ 2.5+1.9=☐, ☐=4.4입니다.
   따라서 바르게 계산하면 4.4+1.9=6.3입니다.

❹ 어떤 수를 ☐라 하면
   ☐-3.27=5.15 ⇨ 5.15+3.27=☐, ☐=8.42입니다.
   따라서 바르게 계산하면 8.42+3.27=11.69입니다.

❺ 어떤 수를 ☐라 하면
   ☐-4.8=3.53 ⇨ 3.53+4.8=☐, ☐=8.33입니다.
   따라서 바르게 계산하면 8.33+4.8=13.13입니다.

⑳ 받아내림이 없는 소수 한 자리 수의 뺄셈

110쪽

❶ 0.2	❺ 2.1	❾ 10.3
❷ 0.3	❻ 1.4	❿ 11.2
❸ 1.1	❼ 2.5	⓫ 10
❹ 0.3	❽ 3.2	⓬ 12.6

111쪽

⓭ 0.2	⓴ 3.4	㉗ 5.1
⓮ 0.3	㉑ 2	㉘ 2.6
⓯ 1.1	㉒ 1.2	㉙ 11.3
⓰ 1.4	㉓ 2.6	㉚ 11.1
⓱ 3.2	㉔ 4.4	㉛ 21
⓲ 3.1	㉕ 3.2	㉜ 21.7
⓳ 2.3	㉖ 2.2	㉝ 22.1

㉑ 받아내림이 없는 소수 두 자리 수의 뺄셈

17일차

112쪽

❶ 0.03 ❺ 2.22 ❾ 10.11
❷ 0.64 ❻ 2.22 ❿ 11.21
❸ 0.32 ❼ 2.51 ⓫ 11.16
❹ 1.41 ❽ 4.1 ⓬ 12.03

113쪽

⓭ 0.05 ⓴ 2.14 ㉗ 3.32
⓮ 0.15 ㉑ 1.34 ㉘ 1.1
⓯ 1.21 ㉒ 4.15 ㉙ 12.43
⓰ 1.37 ㉓ 4.16 ㉚ 11.33
⓱ 1.72 ㉔ 2.27 ㉛ 21.11
⓲ 3.1 ㉕ 3.26 ㉜ 21.06
⓳ 2.31 ㉖ 4.11 ㉝ 21.34

㉒ 받아내림이 있는 소수 한 자리 수의 뺄셈

18일차

114쪽

❶ 0.7 ❺ 1.9 ❾ 10.8
❷ 1.7 ❻ 3.6 ❿ 10.8
❸ 1.8 ❼ 2.8 ⓫ 7.9
❹ 1.6 ❽ 1.9 ⓬ 7.8

115쪽

⓭ 0.8 ⓴ 3.7 ㉗ 1.6
⓮ 1.9 ㉑ 0.9 ㉘ 7.8
⓯ 2.4 ㉒ 3.7 ㉙ 2.9
⓰ 1.5 ㉓ 2.9 ㉚ 11.9
⓱ 0.8 ㉔ 7.4 ㉛ 11.8
⓲ 1.8 ㉕ 2.9 ㉜ 12.6
⓳ 0.9 ㉖ 7.9 ㉝ 14.9

㉓ 받아내림이 있는 소수 두 자리 수의 뺄셈

19일차

116쪽

❶ 0.18 ❺ 1.94 ❾ 5.77
❷ 0.16 ❻ 1.73 ❿ 3.88
❸ 1.28 ❼ 0.88 ⓫ 10.88
❹ 1.27 ❽ 3.84 ⓬ 11.68

117쪽

⓭ 0.17 ⓴ 4.91 ㉗ 6.78
⓮ 0.15 ㉑ 5.96 ㉘ 7.86
⓯ 1.18 ㉒ 6.62 ㉙ 6.88
⓰ 1.23 ㉓ 4.55 ㉚ 11.66
⓱ 2.39 ㉔ 6.61 ㉛ 15.85
⓲ 2.17 ㉕ 4.83 ㉜ 12.75
⓳ 4.38 ㉖ 2.84 ㉝ 22.89

㉔ 자릿수가 다른 소수의 뺄셈

20일차

118쪽

❶ 0.24　　❺ 0.28　　❾ 1.61
❷ 1.32　　❻ 2.35　　❿ 11.74
❸ 1.81　　❼ 2.63　　⓫ 8.41
❹ 2.58　　❽ 3.86　　⓬ 12.97

119쪽

⓭ 0.12　　⓴ 2.68　　㉗ 9.94
⓮ 1.27　　㉑ 3.15　　㉘ 8.95
⓯ 3.55　　㉒ 1.83　　㉙ 8.62
⓰ 1.96　　㉓ 5.68　　㉚ 12.55
⓱ 3.94　　㉔ 1.82　　㉛ 11.17
⓲ 2.91　　㉕ 3.84　　㉜ 20.84
⓳ 2.93　　㉖ 0.69　　㉝ 20.51

㉕ 세 소수의 덧셈과 뺄셈

21일차

120쪽

❶ 2.6　　❻ 6.2
❷ 1.7　　❼ 1.3
❸ 5.94　　❽ 10.89
❹ 3.7　　❾ 10.22
❺ 3.69　　❿ 6.91

121쪽

⓫ 5.5　　⓲ 6.4
⓬ 2　　⓳ 6.9
⓭ 4.9　　⓴ 11.3
⓮ 8.57　　㉑ 12.49
⓯ 5.6　　㉒ 7.3
⓰ 12.16　　㉓ 13.04
⓱ 16.83　　㉔ 14.61

㉖ 그림에서 두 소수의 뺄셈하기

㉗ 두 소수의 차 구하기

22일차

122쪽　❗ 정답을 위에서부터 확인합니다.

❶ 1 / 3.4　　❹ 5.93 / 9.17
❷ 4.13 / 2.62　　❺ 3.69 / 1.59
❸ 4.9 / 3.7　　❻ 3.59 / 11.13

123쪽

❼ 1.7　　⓫ 8.64
❽ 3.11　　⓬ 5.79
❾ 3.6　　⓭ 3.89
❿ 6.44　　⓮ 8.52

㉘ 덧셈식에서 어떤 수 구하기

㉙ 뺄셈식에서 어떤 수 구하기

23일차

124쪽

❶ 1.2　　❻ 2.6
❷ 1.11　　❼ 4.72
❸ 1.36　　❽ 5.58
❹ 1.48　　❾ 5.88
❺ 7.85　　❿ 10.75

125쪽

⓫ 2.1　　⓰ 1.7
⓬ 3.22　　⓱ 3.33
⓭ 3.96　　⓲ 2.89
⓮ 3.09　　⓳ 2.23
⓯ 10.88　　⓴ 10.73

① □=1.5−0.3=1.2　　⑥ □=3.4−0.8=2.6　　⑪ □=3.2−1.1=2.1　　⑯ □=4.5−2.8=1.7
② □=2.24−1.13=1.11　⑦ □=6.36−1.64=4.72　⑫ □=3.65−0.43=3.22　⑰ □=6.14−2.81=3.33
③ □=3.82−2.46=1.36　⑧ □=8.47−2.89=5.58　⑬ □=5.49−1.53=3.96　⑱ □=7.27−4.38=2.89
④ □=4.68−3.2=1.48　　⑨ □=9.58−3.7=5.88　　⑭ □=8.59−5.5=3.09　　⑲ □=9.13−6.9=2.23
⑤ □=13.1−5.25=7.85　⑩ □=17.1−6.35=10.75　⑮ □=12.3−1.42=10.88　⑳ □=19.4−8.67=10.73

㉚ 카드로 만든 두 소수의 합과 차 구하기

24일 차

126쪽

① 5.21+1.25=6.46　　④ 8.61+1.68=10.29
② 7.43+3.47=10.9　　⑤ 9.32+2.39=11.71
③ 6.52+2.56=9.08　　⑥ 9.64+4.69=14.33

127쪽

⑦ 8.43−3.48=4.95　　⑫ 6.52−2.56=3.96
⑧ 7.51−1.57=5.94　　⑬ 9.42−2.49=6.93
⑨ 9.21−1.29=7.92　　⑭ 8.73−3.78=4.95
⑩ 7.43−3.47=3.96　　⑮ 8.61−1.68=6.93
⑪ 9.76−6.79=2.97　　⑯ 9.87−7.89=1.98

㉛ 뺄셈식 완성하기

25일 차

128쪽 ❗ 정답을 위에서부터 확인합니다.

① 2, 3　　　　④ 3, 3, 4
② 5, 2　　　　⑤ 6, 0, 0
③ 3, 9　　　　⑥ 5, 2, 7

129쪽

⑦ 4, 0, 1　　　⑪ 4, 5, 6
⑧ 2, 6, 2　　　⑫ 3, 6, 2
⑨ 8, 8, 6　　　⑬ 8, 4, 4
⑩ 5, 4, 5　　　⑭ 1, 5, 4

① •소수 첫째 자리: 3−□=1 ⇨ □=2
　•일의 자리: 4−1=□ ⇨ □=3
② •소수 첫째 자리: 10+□−7=8 ⇨ □=5
　•일의 자리: 6−1−3=□ ⇨ □=2
③ •소수 첫째 자리: 10+4−5=□ ⇨ □=9
　•일의 자리: 7−1−□=3 ⇨ □=3
④ •소수 둘째 자리: 8−□=5 ⇨ □=3
　•소수 첫째 자리: 7−3=□ 의 □=4
　•일의 자리: □−2=1 ⇨ □=3
⑤ •소수 둘째 자리: 10+□−9=7 ⇨ □=6
　•소수 첫째 자리: 2−1−1=□ ⇨ □=0
　•일의 자리: 4−□=4 ⇨ □=0
⑥ •소수 둘째 자리: 10+2−5=□ ⇨ □=7
　•소수 첫째 자리: 3−1−□=0 ⇨ □=2
　•일의 자리: □−2=3 ⇨ □=5
⑦ •소수 둘째 자리: 8−7=□ ⇨ □=1
　•소수 첫째 자리: 10+□−6=8 ⇨ □=4
　•일의 자리: 6−1−□=5 ⇨ □=0

⑧ •소수 둘째 자리: □−1=1 ⇨ □=2
　•소수 첫째 자리: 10+4−□=8 ⇨ □=6
　•일의 자리: 7−1−4=□ ⇨ □=2
⑨ •소수 둘째 자리: 10+4−8=□ ⇨ □=6
　•소수 첫째 자리: 10+6−1−□=7 ⇨ □=8
　•일의 자리: □−1−6=1 ⇨ □=8
⑩ •소수 둘째 자리: 10+1−□=7 ⇨ □=4
　•소수 첫째 자리: 10+□−1−7=7 ⇨ □=5
　•일의 자리: 9−1−3=□ ⇨ □=5
⑪ •소수 둘째 자리: □=6
　•소수 첫째 자리: □−2=2 ⇨ □=4
　•일의 자리: 7−□=2 ⇨ □=5
⑫ •소수 둘째 자리: □=3
　•소수 첫째 자리: 10+3−□=7 ⇨ □=6
　•일의 자리: 8−1−5=□ ⇨ □=2
⑬ •소수 둘째 자리: 10−6=□ ⇨ □=4
　•소수 첫째 자리: 9−1−□=4 ⇨ □=4
　•일의 자리: □−5=3 ⇨ □=8
⑭ •소수 둘째 자리: 10−□=5 ⇨ □=5
　•소수 첫째 자리: 10+□−1−3=7 ⇨ □=1
　•일의 자리: 9−1−4=□ ⇨ □=4

130쪽

❶ 0.8, 0.6, 0.2 / 0.2 m

❷ 3.5, 1.7, 1.8 / 1.8 kg

❸ 4.93, 3.27, 1.66 / 1.66 m

131쪽

❹ 3.42−1.21=2.21 / 2.21 L

❺ 8.75−6.92=1.83 / 1.83 km

❻ 9.54−8.76=0.78 / 0.78 kg

❼ 9.7−2.53=7.17 / 7.17초

❹ (일주일 동안 혜리가 마신 우유의 양)
 =(일주일 동안 민수가 마신 우유의 양)−1.21
 =3.42−1.21=2.21(L)

❺ (집에서 백화점까지의 거리)−(집에서 소방서까지의 거리)
 =8.75−6.92=1.83(km)

❻ (빈 상자의 무게)
 =(옷이 들어 있는 상자의 무게)−(옷의 무게)
 =9.54−8.76=0.78(kg)

❼ (채린이의 50 m 달리기 기록)
 =(세진이의 50 m 달리기 기록)−2.53
 =9.7−2.53=7.17(초)

132쪽

❶ 1.6, 0.4, 3.5 / 3.5 L

❷ 0.12, 0.28, 0.8 / 0.8 kg

133쪽

❸ 4.5+2.6−3.2=3.9 / 3.9 g

❹ 6.73−1.48+3.04=8.29 / 8.29 kg

❺ 37.7−2.45+2.9=38.15 / 38.15 m

❸ (남은 물감의 양)
 =(빨간색 물감의 양)+(파란색 물감의 양)−(사용한 물감의 양)
 =4.5+2.6−3.2=3.9(g)

❹ (쌀통에 남은 쌀의 양)
 =(처음 쌀의 양)−(먹은 쌀의 양)+(사서 넣은 쌀의 양)
 =6.73−1.48+3.04=8.29(kg)

❺ (준모가 가지고 있는 끈의 길이)
 =(처음 끈의 길이)−(사용한 끈의 길이)+(현우가 준 끈의 길이)
 =37.7−2.45+2.9=38.15(m)

134쪽

❶ 2.8, 2.8, 2.1, 2.1, 1.4 / 1.4

❷ 6.4, 6.4, 0.9, 0.9, 4.6 / 4.6

135쪽

❸ 1.48

❹ 10.92

❺ 4.97

❸ 어떤 수를 □라 하면
 □+3.05=7.58 ⇨ 7.58−3.05=□, □=4.53입니다.
 따라서 바르게 계산하면 4.53−3.05=1.48입니다.

❹ 어떤 수를 □라 하면
 □+2.7=16.32 ⇨ 16.32−2.7=□, □=13.62입니다.
 따라서 바르게 계산하면 13.62−2.7=10.92입니다.

❺ 어떤 수를 □라 하면
 8.63+□=12.29 ⇨ □=12.29−8.63=3.66입니다.
 따라서 바르게 계산하면 8.63−3.66=4.97입니다.

29일 차

136쪽

1 0.49 / 영 점 사구
2 2.175 / 이 점 일칠오
3 소수 둘째, 0.06
4 소수 셋째, 0.008
5 <
6 0.04, 0.4, 40, 400
  / 0.062, 0.62, 62, 620

7 5.3
8 6.57
9 2.5
10 3.12
11 10.12
12 9.84
13 1.53
14 7.83
15 10.09

137쪽

16 4.2+5.3=9.5
  / 9.5 kg
17 3.42−1.85=1.57
  / 1.57 L
18 3.7−0.16+2.55=6.09
  / 6.09 m

19 7.52−2.57=4.95
20 9.1
21 1.34

16 (과일 가게에 있는 딸기와 귤의 양)
   =(딸기의 양)+(귤의 양)
   =4.2+5.3=9.5(kg)
17 (도훈이가 사용한 물의 양)
   =(재은이가 사용한 물의 양)−1.85
   =3.42−1.85=1.57(L)
18 (예준이네 집에 있는 철사의 길이)
   =(처음 철사의 길이)−(사용한 철사의 길이)+(더 사 오신 철사의 길이)
   =3.7−0.16+2.55=6.09(m)

20 어떤 수를 □라 하면
   □−2.6=3.9 ⇨ 3.9+2.6=□, □=6.5입니다.
   따라서 바르게 계산하면 6.5+2.6=9.1입니다.
21 어떤 수를 □라 하면
   □+4.18=9.7 ⇨ 9.7−4.18=□, □=5.52입니다.
   따라서 바르게 계산하면 5.52−4.18=1.34입니다.

4. 사각형

① 수직과 수선

1일차

140쪽

❶ (◯)(   )
❷ (   )(◯)
❸ (◯)(   )

❹ (   )(◯)
❺ (   )(◯)
❻ (◯)(   )

141쪽

❼ (◯)(   )(   )(   )(◯)
❽ (   )(   )(◯)(◯)(   )
❾ (   )(◯)(◯)(   )(◯)
❿ (◯)(◯)(   )(◯)(   )

② 평행과 평행선

2일차

142쪽

❶ 직선 가
❷ 직선 가
❸ 직선 가

❹ 직선 다
❺ 직선 가
❻ 직선 다

143쪽

❼ 변 ㄱㄴ과 변 ㄴㄷ
❽ 변 ㄱㄴ과 변 ㄹㄷ
❾ 변 ㄱㄴ과 변 ㄹㄷ,
　 변 ㄱㄹ과 변 ㄴㄷ
❿ 변 ㄱㄴ과 변 ㄹㄷ,
　 변 ㄱㄹ과 변 ㄴㄷ

⓫ 변 ㄱㄴ과 변 ㄹㄷ,
　 변 ㄱㄹ과 변 ㄴㄷ
⓬ 변 ㄱㄴ과 변 ㄹㄷ,
　 변 ㄱㄹ과 변 ㄴㄷ
⓭ 변 ㄱㄴ과 변 ㄹㄷ,
　 변 ㄱㄹ과 변 ㄴㄷ
⓮ 변 ㄱㄴ과 변 ㄹㄷ,
　 변 ㄱㄹ과 변 ㄴㄷ

③ 평행선 사이의 거리

3일차

144쪽

❶ 5 cm
❷ 9 cm
❸ 12 cm

❹ 6 cm
❺ 10 cm
❻ 14 cm

145쪽

❼ 4 cm
❽ 15 cm
❾ 11 cm
❿ 14 cm

⓫ 6 cm
⓬ 12 cm
⓭ 13 cm
⓮ 16 cm

④ **사다리꼴**

146쪽

❶ (○)( )(○)( )( )
❷ ( )(○)( )(○)( )
❸ (○)( )( )(○)(○)

147쪽

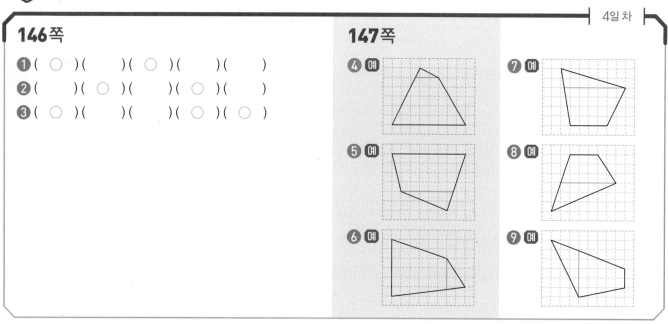

④ 예
⑤ 예
⑥ 예
⑦ 예
⑧ 예
⑨ 예

⑤ **평행사변형**　⑥ **평행사변형의 성질**

148쪽

❶ ( )(○)( )( )(○)
❷ (○)( )( )(○)( )
❸ ( )(○)(○)( )(○)

149쪽 ❶ 정답을 위에서부터 확인합니다.

④ 7, 4　　　　⑦ 75, 105
⑤ 9, 5　　　　⑧ 11, 70
⑥ 80, 100　　⑨ 120, 12

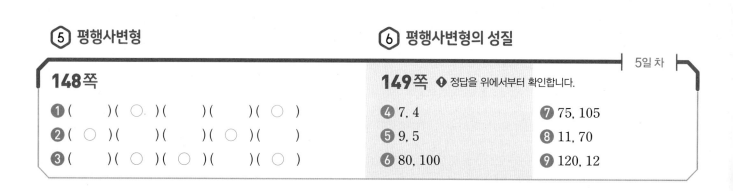

⑦ **마름모**　⑧ **마름모의 성질**

150쪽

❶ ( )(○)(○)( )( )
❷ (○)( )( )( )(○)
❸ ( )(○)( )(○)(○)

151쪽 ❶ 정답을 위에서부터 확인합니다.

④ 70, 6　　　⑦ 3, 90, 9
⑤ 50, 4　　　⑧ 8, 5, 90
⑥ 90, 8, 8　⑨ 12, 90, 6

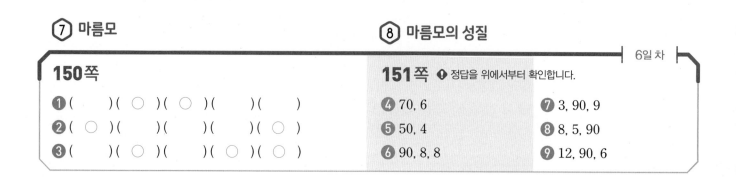

7일차

152쪽

❶ 가, 나, 다, 라, 마

❷ 가, 다, 라, 마

❸ 다, 마

❹ 가, 마

❺ 마

153쪽

❻ ○

❼ ○

❽ ○

❾ ○

❿ ×

⓫ ×

⓬ ×

⓭ ○

⓮ ×

⓯ ○

⓰ ×

⓱ ×

⓲ ×

⓳ ×

⑩ 평행사변형의 네 변의 길이의 합 구하기

⑪ 평행사변형의 한 변의 길이 구하기

8일차

154쪽

❶ $7+5+7+5=24$
또는 $12\times2=24$
/ 24 cm

❷ $12+7+12+7=38$
또는 $19\times2=38$
/ 38 cm

❸ $10+6+10+6=32$
또는 $16\times2=32$
/ 32 cm

❹ $13+8+13+8=42$
또는 $21\times2=42$
/ 42 cm

❺ $8+\square+8+\square=28$, $8+\square=28\div2=14$
$\Rightarrow \square=14-8=6$

❻ $7+\square+7+\square=34$, $7+\square=34\div2=17$
$\Rightarrow \square=17-7=10$

❼ $9+\square+9+\square=40$, $9+\square=40\div2=20$
$\Rightarrow \square=20-9=11$

155쪽

❺ 6

❻ 10

❼ 11

❽ 7

❾ 8

❿ 12

❽ $9+\square+9+\square=32$, $9+\square=32\div2=16$
$\Rightarrow \square=16-9=7$

❾ $11+\square+11+\square=38$, $11+\square=38\div2=19$
$\Rightarrow \square=19-11=8$

❿ $10+\square+10+\square=44$, $10+\square=44\div2=22$
$\Rightarrow \square=22-10=12$

⑫ 마름모의 네 변의 길이의 합 구하기

⑬ 마름모의 한 변의 길이 구하기

9일차

156쪽

❶ $6+6+6+6=24$
또는 $6\times4=24$
/ 24 cm

❷ $10+10+10+10=40$
또는 $10\times4=40$
/ 40 cm

❸ $8+8+8+8=32$
또는 $8\times4=32$
/ 32 cm

❹ $15+15+15+15=60$
또는 $15\times4=60$
/ 60 cm

❺ $\square+\square+\square+\square=\square\times4=20 \Rightarrow \square=20\div4=5$

❻ $\square+\square+\square+\square=\square\times4=36 \Rightarrow \square=36\div4=9$

❼ $\square+\square+\square+\square=\square\times4=44 \Rightarrow \square=44\div4=11$

157쪽

❺ 5

❻ 9

❼ 11

❽ 7

❾ 13

❿ 14

❽ $\square+\square+\square+\square=\square\times4=28 \Rightarrow \square=28\div4=7$

❾ $\square+\square+\square+\square=\square\times4=52 \Rightarrow \square=52\div4=13$

❿ $\square+\square+\square+\square=\square\times4=56 \Rightarrow \square=56\div4=14$

⑭ 평행사변형에서 각의 크기 구하기

158쪽

❶ 60°　　　❹ 80°

❷ 90°　　　❺ 65°

❸ 50°　　　❻ 25°

❶ $120° + ㉠ = 180° \Rightarrow ㉠ = 180° - 120° = 60°$
❷ $90° + ㉠ = 180° \Rightarrow ㉠ = 180° - 90° = 90°$
❸ $130° + ㉠ = 180° \Rightarrow ㉠ = 180° - 130° = 50°$
❹ $100° + ㉠ = 180° \Rightarrow ㉠ = 180° - 100° = 80°$
❺ $115° + ㉠ = 180° \Rightarrow ㉠ = 180° - 115° = 65°$
❻ $155° + ㉠ = 180° \Rightarrow ㉠ = 180° - 155° = 25°$

⑮ 마름모에서 각의 크기 구하기

159쪽

❼ 40°　　　❿ 45°

❽ 70°　　　⓫ 65°

❾ 60°　　　⓬ 75°

❼ $100° + ㉠ + ㉠ = 180°,\ ㉠ + ㉠ = 180° - 100° = 80°$
　$\Rightarrow ㉠ = 80° \div 2 = 40°$
❽ $40° + ㉠ + ㉠ = 180°,\ ㉠ + ㉠ = 180° - 40° = 140°$
　$\Rightarrow ㉠ = 140° \div 2 = 70°$
❾ $60° + ㉠ + ㉠ = 180°,\ ㉠ + ㉠ = 180° - 60° = 120°$
　$\Rightarrow ㉠ = 120° \div 2 = 60°$
❿ $90° + ㉠ + ㉠ = 180°,\ ㉠ + ㉠ = 180° - 90° = 90°$
　$\Rightarrow ㉠ = 90° \div 2 = 45°$
⓫ $50° + ㉠ + ㉠ = 180°,\ ㉠ + ㉠ = 180° - 50° = 130°$
　$\Rightarrow ㉠ = 130° \div 2 = 65°$
⓬ $30° + ㉠ + ㉠ = 180°,\ ㉠ + ㉠ = 180° - 30° = 150°$
　$\Rightarrow ㉠ = 150° \div 2 = 75°$

⑯ 서로 수직인 두 직선과 한 직선이 만날 때 생기는 각의 크기 구하기

160쪽

❶ 70　　　❹ 25

❷ 60　　　❺ 40

❸ 35　　　❻ 75

❶ $20° + \square = 90° \Rightarrow \square = 90° - 20° = 70°$
❷ $30° + \square = 90° \Rightarrow \square = 90° - 30° = 60°$
❸ $55° + \square = 90° \Rightarrow \square = 90° - 55° = 35°$
❹ $65° + \square = 90° \Rightarrow \square = 90° - 65° = 25°$
❺ $50° + \square = 90° \Rightarrow \square = 90° - 50° = 40°$
❻ $15° + \square = 90° \Rightarrow \square = 90° - 15° = 75°$

⑰ 평행선과 한 직선이 만날 때 생기는 각의 크기 구하기

161쪽

❼ 50°　　　❿ 85°

❽ 120°　　　⓫ 125°

❾ 100°　　　⓬ 155°

❼ $130° + ㉠ + 90° + 90° = 360°,\ ㉠ + 310° = 360°$
　$\Rightarrow ㉠ = 360° - 310° = 50°$
❽ $60° + ㉠ + 90° + 90° = 360°,\ ㉠ + 240° = 360°$
　$\Rightarrow ㉠ = 360° - 240° = 120°$
❾ $㉠ + 80° + 90° + 90° = 360°,\ ㉠ + 260° = 360°$
　$\Rightarrow ㉠ = 360° - 260° = 100°$
❿ $㉠ + 95° + 90° + 90° = 360°,\ ㉠ + 275° = 360°$
　$\Rightarrow ㉠ = 360° - 275° = 85°$
⓫ $90° + 90° + ㉠ + 55° = 360°,\ ㉠ + 235° = 360°$
　$\Rightarrow ㉠ = 360° - 235° = 125°$
⓬ $90° + 90° + 25° + ㉠ = 360°,\ ㉠ + 205° = 360°$
　$\Rightarrow ㉠ = 360° - 205° = 155°$

12일 차

162쪽

1 (   )(◯)

2 직선 가

3 8 cm

4 (   )(◯)

5 가, 다, 라 / 라

6 (위에서부터) 7, 130, 14

7 (위에서부터) 9, 9, 45

8 ×

163쪽

9 24 cm

10 44 cm

11 6

12 12

13 140°

14 35°

15 80

16 145°

---

9 (평행사변형의 네 변의 길이의 합)
 $= 8+4+8+4 = 12 \times 2 = 24$(cm)

10 (마름모의 네 변의 길이의 합)
 $= 11+11+11+11 = 11 \times 4 = 44$(cm)

11 $15 + \square + 15 + \square = 42,\ 15 + \square = 42 \div 2 = 21$
 $\Rightarrow \square = 21 - 15 = 6$

12 $\square + \square + \square + \square = \square \times 4 = 48$
 $\Rightarrow \square = 48 \div 4 = 12$

13 $40° + ⊙ = 180° \Rightarrow ⊙ = 180° - 40° = 140°$

14 $110° + ⊙ + ⊙ = 180°,\ ⊙ + ⊙ = 180° - 110° = 70°$
 $\Rightarrow ⊙ = 70° \div 2 = 35°$

15 $10° + \square = 90° \Rightarrow \square = 90° - 10° = 80°$

16 $⊙ + 35° + 90° + 90° = 360°,\ ⊙ + 215° = 360°$
 $\Rightarrow ⊙ = 360° - 215° = 145°$

5. 꺾은선그래프

① 꺾은선그래프

1일 차

166쪽

❶ 꺾은선그래프

❷ 월, 책의 수

❸ 1권

167쪽

❹ 요일, 횟수

❺ 2회

❻ 턱걸이 횟수의 변화

❼ 꺾은선그래프

② 꺾은선그래프에서 알 수 있는 내용

2일 차

168쪽

❶ 7일

❷ 5월

❸ 2월

169쪽

❹ 6살

❺ 9살, 10살

❻ 4 kg

❼ 예 31 kg

❽ (나) 그래프

③ 꺾은선그래프로 나타내기

3일 차

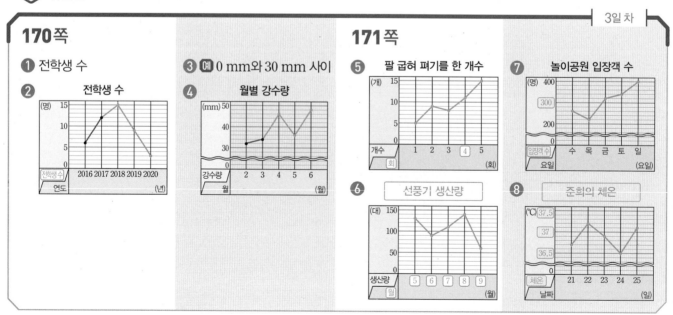

170쪽

❶ 전학생 수

❷ 전학생 수

❸ 예 0 mm와 30 mm 사이

❹ 월별 강수량

171쪽

❺ 팔 굽혀 펴기를 한 개수

❻ 선풍기 생산량

❼ 놀이공원 입장객 수

❽ 준희의 체온

172쪽

❶ **예** 7 ℃   ❷ **예** 146 cm

❶ 운동장의 기온은 오후 5시와 7시 사이에 2 ℃ 떨어졌고, 오후 7시와 9시 사이에 2 ℃ 떨어졌습니다.
➡ 오후 11시의 운동장의 기온은 9시보다 2 ℃ 떨어진 7 ℃가 될 것입니다.

❷ 소민이는 9살과 10살 사이에 6 cm 자랐고, 10살과 11살 사이에 8 cm 자랐습니다.
➡ 12살의 소민이의 키는 11살보다 10 cm 자란 146 cm가 될 것입니다.

173쪽

❸ 330000원   ❹ 672000원

❸ (5일 동안 연필의 판매량)
$= 160 + 130 + 170 + 90 + 110 = 660$(자루)
➡ (5일 동안 연필을 판매한 금액)
$= 500 \times 660 = 330000$(원)

❹ (5개월 동안 인형의 판매량)
$= 56 + 66 + 72 + 64 + 78 = 336$(개)
➡ (5개월 동안 인형을 판매한 금액)
$= 2000 \times 336 = 672000$(원)

174쪽

❶ 식물 (가)   ❷ 양초 (나)

❹ 화요일에 두 꺾은선의 눈금 차이가 9칸이므로
$10 \times 9 = 90$(회) 차이가 납니다.

175쪽

❸ 수요일   ❺ 10월
❹ 90회   ❻ 160개

❻ 9월에 두 꺾은선의 눈금 차이가 8칸이므로
$20 \times 8 = 160$(개) 차이가 납니다.

평가 5. 꺾은선그래프

176쪽

1 연도 / 키
2 2 cm
3 2020년
4 2018년, 2019년
5 **예** 138 cm

6 (나) 그래프
7 윗몸 일으키기를 한 개수

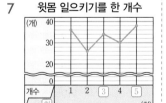

177쪽

8 **예** 4000대   10 지역 (가)
9 950000원   11 8점

8 자전거 생산량은 2018년과 2019년 사이에 600대 늘어났고, 2019년과 2020년 사이에 600대 늘어났습니다.
➡ 2021년의 자전거 생산량은 2020년보다 600대 늘어난 4000 대가 될 것입니다.

9 (5일 동안 수영장 입장권 판매량)
$= 180 + 220 + 190 + 150 + 210 = 950$(장)
➡ (5일 동안 수영장 입장권을 판매한 금액)
$= 1000 \times 950 = 950000$(원)

11 4월에 두 꺾은선의 눈금 차이가 4칸이므로
$2 \times 4 = 8$(점) 차이가 납니다.

6. 다각형

① 다각형

180쪽

❶ (○)( )(○)( )
❷ ( )(○)(○)( )
❸ ( )(○)(○)(○)

② 다각형의 이름

181쪽

❹ 삼각형　　❼ 육각형　　❿ 팔각형
❺ 오각형　　❽ 팔각형　　⓫ 칠각형
❻ 사각형　　❾ 오각형　　⓬ 구각형

③ 정다각형

182쪽

❶ (○)( )( )(○)
❷ ( )(○)( )(○)
❸ (○)(○)(○)( )

④ 정다각형의 이름

183쪽

❹ 정사각형　　❼ 정칠각형　　❿ 정육각형
❺ 정삼각형　　❽ 정육각형　　⓫ 정칠각형
❻ 정오각형　　❾ 정팔각형　　⓬ 정구각형

⑤ 대각선

184쪽

❶ / 0개

❷ / 2개

❸ / 9개

❹ / 2개

❺ / 9개

❻ / 5개

❼ / 5개

❽ / 2개

❾ / 14개

⑥ 사각형에서 대각선의 성질

185쪽

❿ 나, 다, 라, 마
⓫ 나, 마
⓬ 나, 라

186쪽

❶ 4 / 4×5=20 / 20 cm

❷ 6 / 6×6=36 / 36 cm

❸ 8 / 8×7=56 / 56 cm

❹ 9 / 9×8=72 / 72 cm

187쪽

❺ 25÷5=5 / 5 cm

❻ 42÷6=7 / 7 cm

❼ 63÷7=9 / 9 cm

❽ 80÷8=10 / 10 cm

188쪽

❶ 108 / 108°×5=540° / 540°

❷ 120 / 120°×6=720° / 720°

❸ 135 / 135°×8=1080° / 1080°

❹ 140 / 140°×9=1260° / 1260°

189쪽

❺ 540°÷5=108° / 108°

❻ 720°÷6=120° / 120°

❼ 1080°÷8=135° / 135°

❽ 1260°÷9=140° / 140°

190쪽

❶ 10　　❹ 9

❷ 12　　❺ 10

❸ 14　　❻ 12

191쪽

❼ 540°　　❿ 720°

❽ 720°　　⓫ 900°

❾ 1080°　　⓬ 1260°

❼ 오각형은 삼각형 3개로 나눌 수 있습니다.

⇨ (오각형의 모든 각의 크기의 합)=180°×3=540°

❽ 육각형은 삼각형 4개로 나눌 수 있습니다.

⇨ (육각형의 모든 각의 크기의 합)=180°×4=720°

❾ 팔각형은 사각형 3개로 나눌 수 있습니다.

⇨ (팔각형의 모든 각의 크기의 합)=360°×3=1080°

❿ 육각형은 사각형 2개로 나눌 수 있습니다.

⇨ (육각형의 모든 각의 크기의 합)=360°×2=720°

⓫ 칠각형은 삼각형 5개로 나눌 수 있습니다.

⇨ (칠각형의 모든 각의 크기의 합)=180°×5=900°

⓬ 구각형은 삼각형 7개로 나눌 수 있습니다.

⇨ (구각형의 모든 각의 크기의 합)=180°×7 =1260°

7일차

192쪽

1 (○)( )(○)

2 육각형

3 ( )(○)(○)

4 정칠각형

5  / 5개

6 / 9개

7 가, 나, 다, 라

8 가, 라

193쪽

9 6 / 6×5=30 / 30 cm

10 72÷8=9 / 9 cm

11 120 / 120°×6=720° / 720°

12 1260°÷9=140° / 140°

13 16

14 900°

14 칠각형은 삼각형 5개로 나눌 수 있습니다.

⇨ (칠각형의 모든 각의 크기의 합)=180°×5=900°